这就是我想住的家

——爱上MUJI风

仲怡　编

江苏凤凰科学技术出版社 · 南京

图书在版编目（CIP）数据

这就是我想住的家．爱上MUJI风 / 仲怡编．-- 南京：江苏凤凰科学技术出版社，2022.4
ISBN 978-7-5713-2608-1

Ⅰ．①这… Ⅱ．①仲… Ⅲ．①住宅－室内装修－建筑设计 Ⅳ．①TU767

中国版本图书馆CIP数据核字(2022)第025570号

这就是我想住的家——爱上MUJI风

编　　者　仲　怡
项目策划　凤凰空间・深圳
责任编辑　赵　研　刘屹立
特约编辑　黎　丽

出版发行　江苏凤凰科学技术出版社
出版社地址　南京市湖南路1号A楼，邮编：210009
出版社网址　http://www.pspress.cn
总 经 销　天津凤凰空间文化传媒有限公司
总经销网址　http://www.ifengspace.cn
印　　刷　北京博海升彩色印刷有限公司

开　　本　710mm×1000mm　1/16
印　　张　10
字　　数　134 000
版　　次　2022年4月第1版
印　　次　2022年4月第1次印刷

标准书号　ISBN 978-7-5713-2608-1
定　　价　68.00元

序

我做设计是因为早年间的一次老房改造经历，那一次的经历让我深刻意识到：好的空间设计，是可以治愈人心的，甚至可以再次激起人们对美好生活的向往，有勇气更好地去面对生活。好的设计和好的文字一样，犹如一剂良药，治愈别人的同时，也能治愈自己。

本书一半在讲设计，一半在讲生活，希望能和读者一起思考我们真正想要拥有一个什么样的家，想过什么样的生活。之所以有兴趣写 MUJI 风格，是因为它是一种能激起我们对美好生活的想象的审美风格。

前些日子，与一个开民宿的友人聊天，他的日式主题民宿早在数月之前就已预订一空，我倒不是想去夸赞日式风格有多好，而是这种能抚慰人心的风格刚好符合了现代人心之所向的生活方式。在这个容易焦虑的时代，大多数人都有过避世的想法，如果在城市中思而不得、求而不解，那么就会想去短暂的归隐，寻一个去处，享受半日的闲暇时光。

喜欢 MUJI 风格的人，也恰恰迷恋着这种“禅”与“净”的岁月静好的生活。一次了解禅宗的经历让我领悟到，生活的好境界不是动，而是静，大多数人忙碌一生，也没能好好地去感悟生活，只有恪守“简单”，才能真正地享受生活。

其实，高级的生活方式并不是有多么奢华，而是依照自己的内心和喜好来生活，让整个身心都处于非常放松自在的状态。读读这本书，或许你能找到真正适合自己的生活。

曾经看到一个网友形容自己的装修经历：“装修两个月，对这个世界心如死灰！”

现实生活中，我真的见过情侣为了装修而吵得面红耳赤、大动干戈的，也见过装修后不断后悔的……而这本书，就是要让人找到适合自己的风格，也包含实用的 MUJI 风格设计操作指南，这也算是对自己多年工作经验的总结。希望能给喜欢 MUJI 风格的朋友带去一点灵感和帮助，在装修中少走一些弯路。

家不只是一个地方，更是一段时光，值得我们用心经营。所以，我们更要精心打造自己的房子，让它变成每个家人都喜欢的地方。

一个与自己心灵契合的空间，真的能改变一个人的气质。只有生活在一个心驰神往的空间里，我们才有更多的精力去关注自己，关注内心，才能真正地去生活而不是活着，去体会久违的幸福感，遇见更好的自己。

我很喜欢“小春日和”这四个字，它讲的不是春天，而是冬季里如春天般明媚温暖的晴天。无论现实世界多么凉薄，内心总是要暖煦煦的，对未来充满期待。

希望你拥有一个理想的家，

活成自己羡慕的模样。

人生下半场，

愿你轻松自在，不负时光，

每一天都是小春日和。

仲怡

目录

第1章

业主自画像：找准适合自己的主题

发现身边越来越多的人喜欢日式 MUJI 风格。不知你是否有过相同的感受，曾经憧憬自己以后住的房子一定要丰富绚丽，想把一切美好的事物都装进房子里。等到年岁渐长，繁华世界走过一遭，看淡浮华与喧嚣后，内心则更加渴望简单纯粹，向往温暖、恬静、自然的居所，更希望拥有一个极度放松的家。

有人说：“看到 MUJI 风格的家居空间，就像身处冬日的阳光中，有一种淡淡的美好。”的确，日式 MUJI 风格的家自带阳光与温暖。当你推开门的一瞬间，感觉整个人都被柔和的色彩和光线包裹着，瞬间卸下一身疲惫，享受那归家的暖意和自在。

当然，日式 MUJI 风格备受当下年轻人推崇还有一个重要的原因：我们生活在一个物质丰富的时代，当很多人的物质生活越来越丰富时，反而把追求“少”看作一种时髦的生活态度，而 MUJI 风格所倡导的简洁、克制、自省的生活方式与现代年轻精英群体的生活态度实现了精神上的共鸣。

日式 MUJI 风格所体现的简约、质朴、自然、克制、自省等简单生活的特质，正是当下在都市打拼的年轻人的心之所向。而恰恰只有简单的生活方式，才能让人感受到生活中真真切切的幸福。这大概就是我理解的日式 MUJI 风格的魅力所在。

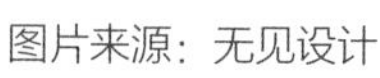

图片来源：无见设计

业主自画像速写

● 性别：男女皆宜。

● 年龄段：喜欢 MUJI 风格的人群大多已经过了喜欢新鲜感和追求抢眼风格的年龄段，多为 28~45 岁的中产阶层，更注重追求生活的品质。

● 婚姻状况：已婚居多，大多有小孩。

● 家居要求：希望打造温馨自然且合理利用空间的居所，由于家庭成员较多，需要大量的储物空间。

● 喜欢的色彩：喜欢温暖、清新的原木色。

● 风格服饰：MUJI 风格就像具有一种魔力，喜欢 MUJI 风格的人会自然而然地爱上 MUJI 风格的服装，这类衣服宽松、清雅、质朴，不上班的时候更喜欢这种天然棉麻的织物带来的放松感。

● 兴趣爱好：热爱生活，骨子里有文艺气质，喜欢简单、温暖的小日子。

图片来源：境屿空间研究室

● **内心速写：** 喜好 MUJI 风格的人大多身处繁华都市，更渴望寻找一处安静的地方，大多拒绝华丽的风格。更关注和尊重内心感受，热爱生活，比起那些无用的社交，更享受居家逗猫或与漂亮、文艺的器具打交道的小时光。

图片来源：YOMA 自画

居住场景

这类人群往往喜欢风格鲜明、没有多余色彩、由大面积原木和留白构成整屋主调性的家。试想一下：光线柔和的清晨，阳光洒在木质家具上，整个身体都被天然亲肤的材质包裹，穿着棉麻拖鞋踩在木地板上，连脚步声都变得治愈……元气满满地开启一天的休闲与放松。

图片来源：致物设计

第2章

家的主题：多元化 MUJI 风格的家

近几年，随着自媒体的兴起，人们接触家居美图和美学内容的方式更加便捷，国人的审美素养也在不断提升。同时，涌现出一批年轻有才华的独立设计师，他们有着专业的审美素养，更懂得融合各种风格，能设计出符合国人审美的家居空间。现在年轻人喜欢的 MUJI 风格，其实是经过设计师改良后的更符合中国人审美的“日式”风格。

图片来源：森叁设计

什么是 MUJI 风格

“MUJI”一词本是“无印良品”的品牌名称，只不过现在国人习惯将日式风格统称为 MUJI 风格。其实，MUJI 风格是提炼了日式风格的精髓，并与现代主义结合的设计，将日式禅宗哲学和极简主义相融合，传达出一种更贴近生活且悠闲、随性的生活意境。

但 MUJI 风格来到中国后，国内的设计师又赋予了它新的生命。现在年轻人喜欢的 MUJI 风格，其实并非传统意义上的日式 MUJI 风格，而是在日式 MUJI 风格的基础上，结合现代中国年轻人的审美，创造出的一种“本土化的 MUJI 风格”。所以，此 MUJI 风格非彼日式 MUJI 风格，而是更符合中国人审美的 MUJI 风格。

传统日式风格（图片来源：杭州造梦人软装设计）

更符合当下年轻人审美的本土化的 MUJI 风格（图片来源：桐里空间设计）

MUJI 风格的家

当被问及未来想要一个什么样的家时，我们内心憧憬的画面多数是明亮、温暖、整洁且舒适的，其实这就是我们的初衷。现在越来越多的年轻人并不想要中规中矩的 MUJI 风格，他们只是喜欢日式风的感觉，也更愿意接受在此风格基调上的创新和改良。

经过改良的本土化 MUJI 风格在和当代元素融合之后也衍生出多种分支。提取 MUJI 风格的精髓，融入一些年轻化和有设计感的元素，这种改良后的 MUJI 风格空间显得更加生动鲜活，也更符合当下年轻人的审美。

图片来源：一点设计

图片来源：寓子设计

（1）现代极简 MUJI 风格

现代极简 MUJI 风格是当前比较受欢迎的一种，它既保留了日式风格温润、禅意的色调和意境，又融入了现代设计元素，让空间显得更简约、时髦。现代极简 MUJI 风格的空间既符合日式风格的气质和格调，又显得年轻、时尚且富有设计感，这样的 MUJI 风格恰好满足了大部分年轻人的喜好。

极简风格的定制家具成为家中很重要的格调支撑（图片来源：一点设计）

MUJI 风格和现代风格的融合，既符合当下年轻人对家的想象，又满足了他们对现代高品质生活的需求。其实，这种风格可以偏日式多一点，也可以偏极简风格多一点，重要的是要根据房子主人的喜好去把控这种平衡。因为每个房子都会因其特殊的用途、屋主的喜好和生活习惯、房子户型大小及主人对材质的偏好等而呈现出不同的面貌，每个家都是不一样的，有着自己独特的魅力。

小提示

在现代极简 MUJI 风格中，定制家具是很重要的组成部分，家具多为白色和原木色，柜子在整个空间中比重很大，设计得好看与否直接关系到整个案例的成败。

图片来源：桐里空间设计

（2）文艺小众的 MUJI 风格

这种风格比较小众，喜欢这种风格的人一般骨子里都是文艺青年，他可能是朝九晚五的都市白领，每天穿梭于喧嚣繁华的城市，但内心所向往的生活其实是隐居山林之中，做一个日出而作、日落而息的手工艺人。相信很多年轻人都做过这种归隐的梦，而这种文艺 MUJI 风格恰好符合这样的气质。

值得欣慰的是，现在国内有越来越多这类文艺风的原创家具品牌涌现，其中也有很多具有代表性的创新设计，这类家具品牌的独特风格也正好适合文艺 MUJI 风格的空间打造。

图片来源：合风苍飞设计工作室

这种风格的家具自带文艺气质，简单买几件摆在一起就很好看，有种无需任何修饰的简朴自然美，尤其是温润的原木质感，虽不奢华，却让人忍不住想要多看两眼。

图片来源：壹阁设计

（3）自然侘寂 MUJI 风格

喜欢这种风格的人群，本身就是爱生活并懂得享受生活的人，内心是充实、浪漫且丰富的。

自然侘寂 MUJI 风格是日式风格中比较有野趣的一种，富有禅意，追求的是一种原生态的质朴美和残缺的美。这种风格会给人眼前一亮的感觉，通过一些天然材质的搭配营造出舒心自然的悠闲氛围，这就是为什么我们去民宿度假，心情会莫名地放松下来的原因。当然，想在家里打造这种度假的感觉也未尝不可。

图片来源：木与火之宅，合风苍飞设计工作室

自然侘寂 MUJI 风格更像是过去爷爷奶奶那一辈人住过的老房子，具有残缺美和水泥质感的墙面、质感粗犷的木头、亚麻布料、藤条编织的家具、绿植等，这些看似简单粗糙的元素搭配在一起，有种旧时光的温润自然之美，更有着惬意悠闲的空间意境。越是简单自然，越是怀旧质朴，就越能让人的身心放松，心生向往！

（4）治愈系 MUJI 风格

治愈系 MUJI 风格给人的感觉就像是吸入了清新空气一般，令人心旷神怡。这种自带治愈感的风格能让人切实感受到岁月静好、与君共白首的美好意境。

这种风格比传统的日式风更加轻快，不沉闷。大面积的留白设计和原木家具如呼吸般存在，原木色在柔和的光线和绿植包裹下更显得清新自然、干净又不简单，适合打造喝茶赏景、静心冥想的居所空间。

图片来源：桐里空间设计

（5）原木 MUJI 风格

原木 MUJI 风格更加简洁鲜明，大面积的原木色和留白成为空间里的主要色调。这种风格的设计重点是要保证家里的成品家具、定制家具、地板、木门等都运用同一种木色，这样整体色调才能和谐统一。这种 MUJI 风格要求对材质和色彩的把控精准、考究。

图片来源：成都宏福樘设计

▲原木 MUJI 风格不会改变空间中材料的颜色，虽略有顺色感，却能让人感受到恰到好处的舒适。

第3章

设计方案：
7 步打造 MUJI 风格的家

MUJI 风格之所以在国内呈现出万千姿态，恰恰是因为不同的设计视角和对生活的不同理解。要想设计出能与当下年轻人产生情感共鸣的 MUJI 风格，就要懂得拿捏日式风格和现代文化的分寸感，并融入符合当下年轻人审美的元素和色彩以及合理的空间布局，用自然舒适的天然材料，打造出返璞归真、低碳环保的天然居所。

图片来源：桐里空间设计

第 1 步　空间布局与利用

空间利用是 MUJI 风格的精髓，日本是在小空间利用上最为人称道的国家，这与日本国土面积小，房子都建不了太大有很大关系。所以，日本的设计师早已练就了一身极限利用空间的本事，怎么使小空间看起来显大，是日本住宅设计里研究不完的课题。

在中国，因为房价不断攀升，大城市中销量最好的就是小户型，所以“空间利用”也成为装修中的热门词。

图片来源：寓子设计

1. 空间规划：只分区、不分隔

现在一些买小户型的人想要一居改两居，两居变三居，有些国内的设计会不停地在房间里加隔断，把好好的房间分割得四分五裂，空间看起来更狭小了。而 MUJI 风格设计更注重空间带给人的舒适性，并会考虑到光、空气流动、动线设计，让人待在每个房间里都很舒服。

MUJI 风格设计提倡“分区、不分离”，可以将一间房分成两个功能分区，沙发靠背形成天然的隔断，一边是床，一边是起居室，在空间上形成自然衔接，一点儿也不会显得突兀。

同时，MUJI 风格擅长利用“时间差”设计，当白天客人多的时候，收起垫子，床就变成一个地台，大家可以围坐在一起喝茶聊天打牌；等到夜幕降临，一切归于平静时，这里就是一个私密的寝室空间。

图片来源：B.S.D.o

图片来源：一点设计

▲一张工作长条桌既能将餐厅和客厅分为两个独立的空间，又不破坏整体的空间感。

2. 一体化设计，将空间利用发挥到极致

很多人都会有这样的经历，小小的房间里想要塞下一张大床、衣柜、书架，还有书桌，如果去买现成的家具几乎不可能实现。这种情况就可以运用定制家具来合理利用空间，连接型的一体化设计可以将各个功能区安排得更紧凑。

图片来源：寓子设计

小提示

比如，右边这个案例中，房间比较窄，只有 2.8 m 宽，如果是传统布局，根本摆不下床和衣柜。设计师掉转床头，让床和柜子以合理的布局和谐相处，同时，将衣柜底下做成镂空的，使得床在视觉上具有延伸感，人在休息时也不觉得空间狭小。

图片来源：王恒设计

MUJI 风格的空间利用在小户型中体现得淋漓尽致，把墙壁、角落、高处的空间利用到了极致，讲求紧凑而不凌乱，实现功能最大化。

右边这个案例有两个亮点：

① 将柜子和窗台进行一体式连接设计，利用拐角打造了一个小书桌，将夹缝里的空间充分利用。

② 衣柜宽 600 mm，如果将中间掏空用来放电视或装饰画就未免太浪费空间了。此处嵌入一个 500 mm 厚的柜子，外面用来摆放装饰画或小器物，把装饰画拿掉后，又可以打开柜门收纳物品，一举两得。

图片来源：玳尔设计

图片来源：玳尔设计

不少小户型的卧室空间小，如果摆上床头柜，衣柜柜门就打不开了。如果将床、床头、床头柜、书桌连在一起设计，会更加节省空间，空间整体性也更强。

小提示

其实，一体化的定制设计能巧妙地化解小卧室的布局难题。将柜子底下掏空与床头柜相连，既不影响所有柜子开合，又能将空间极致利用起来。这时最好与灯光一起设计，效果会更加出彩。

图片来源：凡夫设计

3. 偷空间设计：共享空间

一个空间兼具两种功能，如下图所示。关闭滑轨门，餐厨空间可各自独立，打开滑轨门，餐厨空间可成为开放式的一体空间。中间这张桌子既可充当厨房的台面，又是吧台或者餐桌，一桌三用。餐桌一侧的柜子既是餐边柜又是杂物储藏柜，台面也可以充当备餐台。拥有多重身份的共享空间可以让小户型真正实现麻雀虽小、五脏俱全，并且使用起来也很舒适。

图片来源：桐里空间设计

4. 空间扩容术：讲究“小、精、巧”

在 MUJI 风格中，为了让空间更开阔、自由，多选用尺寸小且轻盈的细腿家具，能让光线在空间中自由穿梭，令空间显得更大。而第一次装修的人很容易选择粗重的家具，放在家里如庞然大物一般，空间显得非常拥挤。

图片来源：森叁设计

5. 留白设计，不可或缺

MUJI 风格总少不了留白设计，当然，留白不是随意的空白，这种空白的部分是被设计师精心安排的，看似空白，却有着深思熟虑的设计巧思。留白是整个房子的“呼吸”空间，采用留白的设计可以让空间达到一种均衡的视觉效果。你会发现，当面对留白时，感官会变得很敏锐，留白可以帮助人们用最快的速度找到空间的视觉焦点。

图片来源：茧舍设计

（1）留白设计，让空间变得开阔且轻盈

想要空间显大，留白设计很关键。留白可以营造一种明快的空间环境，再搭配轻盈的细腿家具，让光线和空气在空间中自由穿梭，房子会显得轻盈、开阔。

留白给人一种明朗、有节奏、简洁的心理感受，空间中大篇幅的留白则能给人无限的空间既视感，从而让视觉焦点更加集中，令人产生自由呼吸般的感觉。如果再摆上一两株植物，空间即可拥有空灵的禅宗意境。

图片来源：茧舍设计

（2）留白是为了突出“丰富的设计内容”

恰到好处的留白能使空间构成更为清晰，达到很好的构图效果并使空间设计更有视觉冲击力。不恰当的留白是毫无意义的。只有恰到好处的留白，才会让人关注到那些在白色衬托下的丰富设计。比如位于北京的无印良品酒店，正是墙面恰好的留白，才衬托出原木的呼应设计，放眼望去，整个房间显得柔和且舒适。

图片来源：MUJI 酒店

图片来源：菲拉设计

▲留白让装饰品成为空间里的视觉中心。

（3）留白，突出房屋结构美

日本建筑师村田纯说：“留白是一种减法美学。”留白，从另外一个角度来说也是映衬，因为墙面的留白才让精心设计的吊顶跃然眼前，丰富了整个空间的层次感。如果没有这样的对比，整个空间设计会是苍白无力的，也是单调无趣的。

图片来源：寓子设计

（4）留白，不只是墙面，也可以是柜子

当然，留白也不单单指墙面，比如纯白色的柜子也是空间中留白设计的一种形式，白色和原木色形成鲜明的空间对比，同时又增加了储物空间。

图片来源：河南一品圀家

图片来源：张邵娟设计师

有时候顶天立地的白色柜子也具有墙面的既视感，柜子的纵线条设计突出了空间的极简主义美学，让整个房子看起来干净清爽，白色也恰好衬托出了空间里富有造型设计感的家具。

▼白色柜子既有留白的作用，又增加了收纳空间。

图片来源：张邵娟设计师

第 2 步　收纳设计

日式 MUJI 风格的简约，并不是真的“简”，而是追求“无”。完美利用每一寸空间进行收纳，其实就是 MUJI 风格的精髓。我们可能没办法像日本人那样做到“断舍离”，但可以把杂物都井然有序地收进柜子里，让房间看起来简洁、干净、空无一物也是 MUJI 风格的体现。

图片来源：桐里空间设计

1. 藏

“隐藏式”的收纳设计特别适合中国式家庭，一个家庭的杂物每年都是成倍增长的，收纳空间的设计至关重要。关于藏，特别要强调的是：柜子一定要是“顶天立地”式的，把杂物都收纳到立面空间中，关上柜门，墙面依然空无一物。

图片来源：合肥飞墨设计

设计收纳柜时会遇到一个很常见的问题，有些墙中间或一侧会有一扇房门，只设计柜子不考虑门会很难看，也不协调。这就需要在设计时统一柜子和房门的风格，采用与柜体一色的隐形门设计，这样空间看上去更开阔、规整。

图片来源：近境制作

柜子也可以设计成“藏”进墙面中的。小户型中提倡采用与墙面同色的白色柜体，柜体与墙面贴合进行“顶天立地”式的设计，这样的设计让整体空间干净清爽也不单调。

图片来源：太合麦田设计

2. 找准一面墙设计收纳空间

储物柜一定不能东一块、西一块地设计，如果毫无章法、毫无整体性地只考虑功能去设计柜体，空间的美观性就会大打折扣。要找准一面墙去设计收纳柜体，这样空间在视觉上才会更规整、干净。那么，怎样找对墙面呢？

（1）选择家里比较整、比较长的那面墙

储物柜放错位置的空间很容易让人产生拥挤感，而家里比较整的那面墙最适合放柜子，这样设计的柜子也更规整、美观。

图片来源：文心园林氏住宅，大成设计

图片来源：黑白木设计

（2）走进房间，正对你的那面墙

当你走进一个客厅，正对着你的那面墙其实最适合放柜子，这会让人产生视觉延伸感，呈现的空间感也最好。但如果一进门就面对一面柜子，会产生拥挤的感觉。

（3）让你感觉最舒服的那面墙

有时候，感受比合乎规则更重要。所以，抛掉前两条，关注自己对空间的感受。当你站在房间中，哪面墙做柜子让你觉得最舒服，那就是那面墙了。有时候，合乎规矩的，可能没有自己的真实感受更有效。

比如，有些人喜欢将柜子设计在客厅电视墙，有些人喜欢设计在沙发背景墙，有些人喜欢隐藏在不起眼的墙面，还有些人则希望整面长长的墙都做满收纳柜。

图片来源：文心园林氏住宅，大成设计

（4）适合设计嵌入式柜子的那面墙

有些户型中墙的两侧刚好有不小于 40 cm 宽的侧墙面，这种就非常适合用于设计嵌入式柜子。这种设计隐藏了柜子厚度，柜体在视觉上显得很单薄，再厚的柜子也不会让人产生拥挤感。

图片来源：Behance

3. 利用一切角落做收纳柜

无论是大户型还是小户型，储物空间一定要做得越多越好，把凹进去的墙壁，墙的侧面、角落，阳台或高处的空间都利用起来定制柜子，增加储物空间。

图片来源：TK 设计

图片来源：TK 设计

▲利用餐边柜侧面空间设计一组鞋柜，既隐藏了柜体的厚度，又增加一处实用的玄关空间。

▲在阳台做洗衣柜，动线更合理。

►在窗户底下设计一组飘窗柜，有四个大抽屉，除了衣柜又多了一组储物空间。

图片来源：致物设计

►若家里没有地方放鞋柜，可以利用墙面的宽度设计一组抽拉式鞋柜。不要小看这犄角旮旯的空间，也能装不少鞋。

图片来源：宅即变空间微整形

4. 半藏半露，收纳比例美学有讲究

收纳也要考虑到美学。因为收纳柜是家中除了地面和墙面外占比最大的空间，所以柜子设计得美观与否，直接关系到整个空间的美感和格调。

►七分藏，三分露。在玄关做了整面玄关柜收纳，并遵循了当下主流的做法，满足了可以坐下换鞋以及入户悬挂和放置一些随身物品的需求。

图片来源：禾景装饰

▼中间露，四周藏。

图片来源：造物设计

5. 底部镂空设计，缓解柜子的拥挤感

当收纳柜“顶天立地”设计时，其实已经占去了房间的一部分空间，房间面积也相应缩水。但如果在柜子底部做了镂空设计，会让这一庞然大物变得轻盈，让空间从视觉感上显得开阔。

图源来源：禾景装饰

图源来源：禾景装饰

小提示

有些人会害怕整面衣柜钉在墙上的稳定性和安全性，其实这里面隐藏了特殊工艺。柜子底部有一个支撑盒子，与柜子底边相差 15 cm，刚好可以形成底部镂空的效果，再加一条嵌入式的感应灯带，会让轻盈感更显出众。

第 3 步　材料选择与运用

越是天然的东西，越具有吸引力。不知道你是否有过相似的感受，当你走进一家日式风格的杂货铺，总是被那天然的器具和舒适的棉麻品质吸引，当用手去触摸时，整个身心都放松下来，久久不想离去。的确，大自然有着无形的治愈力量，那些自然的纹理、舒适的棉麻等，能拉近人与人、人与空间的距离，给人以舒适感。

图片来源：青云居设计

1. 从硬装开始，大胆尝试原始材质

原木材质搭配清水泥或者混凝土会有一种莫名的美感，这大概是一种来自原始的天然契合，二者的搭配呈现出粗犷、朴素的美感。如果仔细研究 MUJI 风格，你会发现房子里的每一处材料都取之自然，有趣的是，这些材料会随着时间的流逝变得更加光彩照人。除了保留材质的原始美，MUJI 风格更加注重精细的工艺打磨，越是简单的设计，越要注重工艺细节，最终呈现出质感和细腻之美。

图片来源：MOU 建筑工社

(1) 水磨石

在 MUJI 风格设计中，可以考虑运用一些全新的材质去替代天然材料，比如近几年的业内新宠水磨石。水磨石其实是将一些碎石、玻璃、石英石等骨料拌入水泥中，凝固后经表面研磨、抛光制作而成。水磨石表面肌理丰富，有粗颗粒和细颗粒之分，还有一些特殊的配色非常别致。现在，国内也有专门设计研发水磨石的企业，因每个石材设计师的审美不同，水磨石也呈现出千万种花样。

图片来源：Juliana Pippi

图片来源：寓子设计

图片来源：一点设计

将水磨石运用于 MUJI 风格的空间里会有怎样的效果呢？当自然肌理的水磨石遇上原木，能碰撞出独特的火花。这两种意想不到的材质的搭配，让人不禁惊叹其不落俗套的美感，为平平无奇的空间增加了恰到好处的亮点。

（2）仿天然岩石的地砖

很多人装修时会遇到这样的问题，由于家里要铺地暖，纯实木地板造价高且难打理，又担心多层地板和复合地板环保不达标，想知道铺什么样的瓷砖看起来既好看，又与 MUJI 风格的家不冲突。

这时大多数设计师会推荐仿岩石瓷砖，走在上面有天然石材的质感，取之自然，与日式风格相得益彰。这种瓷砖多以灰色系为主，从浅灰到深灰，总能根据家里的色调找到合适的颜色，非常好搭。

图片来源：Behance

（3）水泥自流平

近些年，自流平被很多设计师推崇，在《梦想改造家》的节目中就有很多运用自流平的案例。自流平表面光滑，比较有质感，非常适合 MUJI 风格，如果担心买不好地砖，用水泥自流平也是不错的选择。

自流平工艺比较简单，将地坪材质搅拌成液态，铺洒在地面上让其自由流动，液体会很神奇地在地面上查漏补缺，自动填平坑洼地面并形成一个平整的光面，再用大的刮板轻轻摊平即可，省时省力。

图片来源：合风苍飞设计工作室

（4）木地板

通过观察会发现，几乎 80% 的 MUJI 风格空间都会选用木地板。地板在空间中的面积占比很大，大面积的原木色更具有视觉冲击力，更容易打造 MUJI 风格。相反，如果选用瓷砖和石材，其实设计难度更高，需要在家具和软装上下足功夫，才能搭配出自己想要的 MUJI 风格。

图片来源：EPLF

现在国内改良的 MUJI 风格中，多会选用浅木色和原木色系地板，很少用到很深的颜色。并且多以橡木为主，纯实木地板受材质限制，一般每块尺寸为 1210 mm × 158 mm，再大的话容易受热胀冷缩影响变形、空鼓。而对于三层实木和多层实木地板一块地板最大可以做到 2200 mm × 240 mm，更适合大户型使用。

常用的地板颜色（图片来源：EPLF）

虽然 MUJI 风格大多使用浅色系和原木色系地板，但还是有很多人选错地板颜色。那么，怎样选择合适的木地板呢？

选择 MUJI 风格空间的地板颜色时应遵循“顺色原则”：地板和家具色彩要一致。

MUJI 风格设计中很关键的一点就是要色调统一。在挑选地板时，地板颜色一定要与家里的木质家具色彩一致，比如地板选用浅木色，家具最好也用浅色系的。

图片来源：季意空间设计

图片来源：凡夫设计

小提示

要让空间色彩完全一致也是不容易的，如墙面护墙 KD 板、家具、地板三者颜色要统一，自己装修很难把控这一点，这就需要设计师对材质精准把控，设计之前就要拿着材料色板放在一起进行对比，在色板中搭配到位了，才能实施到装修中。

图片来源：成都宏福樘设计

如果家里的定制家具和成品家具颜色偏深，那么地板也要选择相同色系的，这样整体视觉才能和谐统一。

图片来源：禾景装饰

2. 室内一切软装材质都源自天然的草、木、竹、棉、麻

MUJI 风格的软装材料只要选择天然制品，肯定不会出错。家里的沙发、窗帘、坐垫、地毯、床品，甚至是穿着用品都尽量选择天然材质，比如棉、麻、藤、草、竹……久居繁华都市，大多数人更向往待在这样纯粹的空间里，静坐冥思，让身心得以彻底地放松。

图片来源：B.S.D.o

图片来源：行一空间设计

你会发现，如果在 MUJI 风格空间里使用了化纤制品，会显得格格不入，总感觉空间不透气，不如天然制品清爽舒适。天然材质源自大自然，也让MUJI风格的家更具有生命力和灵气。

如果家里全是天然材质，你会发现这个空间似乎自带氧气，在这样的空间中，感觉连呼吸都变得顺畅许多。

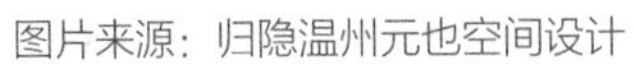

图片来源：归隐温州元也空间设计

图片来源：归隐温州元也空间设计

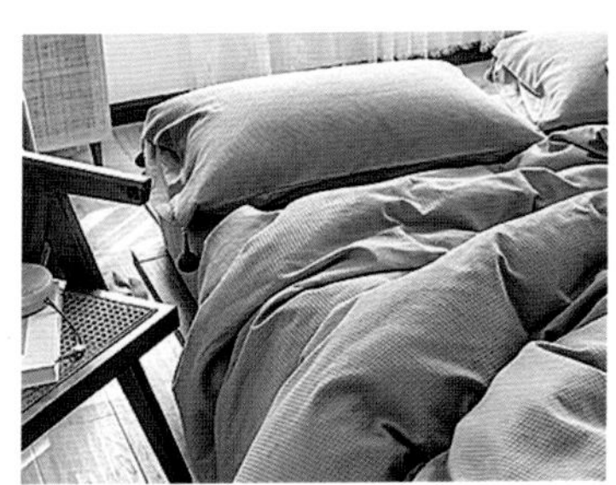
图片来源：芮夫棉麻

图片来源：织选

图片来源：芮夫棉麻

图片来源：KANNAL

图片来源：无风生活

图片来源：织选

图片来源：织选

图片来源：芮夫棉麻

第 4 步　克制的色彩运用

MUJI 风格的色彩是原始的、克制的、质朴的，几乎没有跳跃的色彩出现。克制，表现在色彩里就是：不是什么颜色都能拿来用，用多了、用杂了，都会与 MUJI 的总体风格背道而驰。

图片来源：羽筑设计

比如，有些人明明喜欢 MUJI 风格，但在选择家具及软装材料的时候会被一些好看的单品带偏，看到喜欢的就想买，忽略了空间整体风格和色调的统一性，色彩用杂了，整个风格也就乱了。

如左图所示，整个空间本来很舒服，但装饰画是北欧风，单椅又是美式的，颜色也比较乱，整体搭配不太协调。

1. 色彩配比有讲究

为什么 MUJI 风格总让人感觉很舒服？这种风格用色虽少，但色彩配比很讲究。

比起其他风格，MUJI 风格的色彩是最简单的，也是最好把控的。记住这两个主要色调：以白色、米色、灰色为主的中性素色系和原木色系。如果能把这两个色调比例调配对了，MUJI 风格就成功了一半。

有趣的是，这两种主色调在空间中的占比不同，表现出的风格格调也不一样。

图片来源：琢信设计

（1）70% 中性素色系搭配 30% 原木色，打造自然清新 MUJI 风格

以大面积的灰色和白色作为基础色，原木色作为空间的点缀色时，整个空间风格更轻快、素雅，有种小清新的味道，也更有治愈感。

如右图所示，空间用色为 70% 灰色系（沙发、地毯、窗帘）搭配 30% 原木色系（墙面装饰、桌子、沙发椅）。

图片来源：行一空间设计

（2）70% 原木色搭配 30% 中性素色系，打造原木 MUJI 风格

当然，反过来调配色彩比例也是成立的，当原木色系为主色调，占比 70%，中性素色系为点缀色时，就变为更加强烈的原木 MUJI 风格，具有视觉冲击力，木质温润、自然，给人轻松、舒适、无拘无束的空间享受。

90% 原木色系（图片来源：真没有设计）

如下图所示，空间用色为 70% 原木色系（地板、楼梯、家具）搭配 30% 中性素色系（沙发、地毯）。

图片来源：太合麦田设计

（3）50% 原木色搭配 50% 中性素色系，打造极简克制 MUJI 风格

日本人用色讲究冷暖色调的碰撞，比如下图中，墙面是冷色，家具是暖色，两种色彩既协调又形成对比。空间用色要平衡不同色彩之间的比例，体现 MUJI 风格用色的克制。色彩既不能多，也不能少，体现出用色的最高境界。

图片来源：吾悦 SOHO，榀象设计

2. 色彩呼应设计

MUJI 风格讲究色彩的呼应，以右图为例，墙上的实木壁龛和实木餐桌椅形成色彩的呼应关系，令整个空间看起来显得丰富生动。

图片来源：吾悦 SOHO，榀象设计

◀背景墙的原木书架和木茶几形成恰到好处的色彩呼应。

图片来源：TK 设计

3. 色调统一柔和，很少有跳跃的颜色出现

MUJI 风格的空间极少有跳跃的色彩出现，尽量让所有颜色的饱和度都降低，很柔和，不显眼，营造出一种“空无”的意境。

图片来源：原一空间设计

软装和配饰也尽量避免使用跳跃的颜色。除了基础色系，多采用低饱和度的莫兰迪色系，选择1～2种作为情绪色点缀空间。莫兰迪色系是一种被提炼的高级色系，这种色调耐看，且不容易过时，将其用于空间中使整体色彩更加柔和、舒适，令人心神安定。

莫兰迪色系

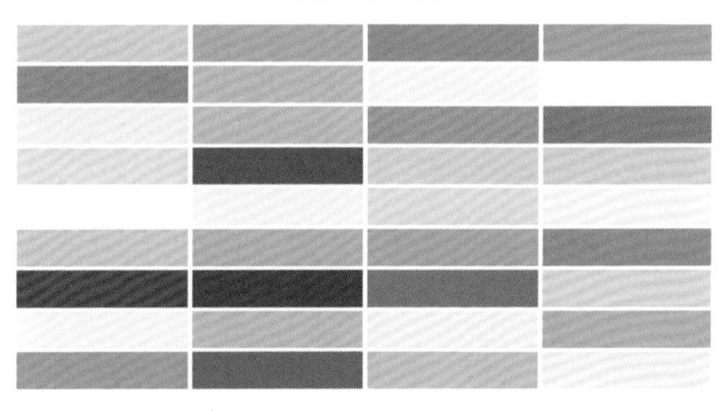

图片来源：自制图

第 5 步 家具选择与搭配

MUJI 风格空间少不了木制品的搭配，木质家具给人以清新、质朴、舒适与温情的治愈感，总在不经意间直抵人心。

图片来源：B.S.D.o

1. 实木家具

实木家具是 MUJI 风格的必选项，MUJI 风格的家具多会保留原木色，只刷一层清漆或木蜡油，呈现木材的本真状态。MUJI 风格的空间多选择线条简洁、造型轻盈、矮小或细腿的家具，这样的家具不会阻隔自然光，无形中让空间看起来更加敞亮，更显层高，更易于营造一种慵懒治愈的氛围。

图片来源：B.S.D.o

近些年，国内的原创实木家具品牌越做越好，在网络上很容易买到既符合年轻人喜好又有设计感的平价家具。那么，MUJI 风格的家具应该怎么挑选呢？

（1）要选择造型简约、注重线条设计感的家具

家具是空间里的点睛之处，选择家具时最好挑选造型简约、注重设计感的实木家具，多关注一些小众设计师品牌，就很容易挑选到好看的家具。

图片来源：Nazarius Shore 设计

图片来源：庄园御海私宅，大墨空间设计

（2）根据喜好的材质挑选家具

MUJI 风格的家具多为硬木材质，一般以橡木、榉木、樱桃木、白蜡木居多。因这几种木材纹理和色彩大不相同，所呈现的风格和品质感也有区别。切忌不能混着买，最好选择一种自己喜欢的材质去配套选购，这样整个空间风格才能统一协调。

樱桃木（图片来源：北陌）

橡木（图片来源：无印良品 MUJI）

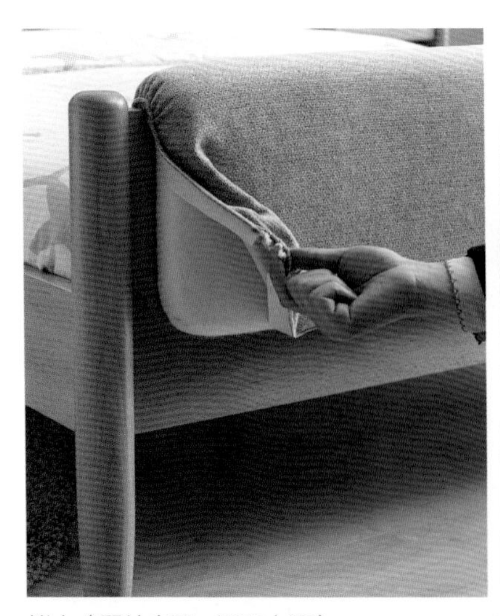

榉木（图片来源：源氏木语）

白蜡木（图片来源：清木堂）

橡木最常见也最普遍，纹理明显，色彩温暖，适合打造原木 MUJI 风格。

图片来源：木桃盒子设计

樱桃木色彩偏红，而且随着时间的推移会越来越红。樱桃木家具价格偏高，比较适合文艺复古 MUJI 风格。

图片来源：B.S.D.o

白蜡木则色彩偏浅，如刚去皮的新鲜木材般清新，纹理比其他木材更为明显，适合打造浅木色的自然清新 MUJI 风格。

图片来源：行一空间设计

榉木是所有木材中纹理最为细腻的，涂过清漆后与橡木色彩接近，同样适合原木 MUJI 风格，多用于儿童家具。

图片来源：及木

图片来源：东马设计

（3）实木家具讲究“顺色”原则

由于各种木材的色彩有区别，选家具时不仅要按一种色彩体系去选择，还要根据空间的整体色调选购家具，尽量保持空间整体色调的统一性。所有家具都选择同一种色系，并在空间中反复出现，切勿深浅混搭。

▼顺色设计：室内所有的家具和地板都是浅原木色系。

图片来源：清羽设计

樱桃木家具（图片来源：仲怡）

橡木家具（图片来源：仲怡）

榉木家具（图片来源：仲怡）

白蜡木家具（图片来源：仲怡）

2. 定制家具

无论是什么风格的空间，都需要庞大的储物空间。定制家具收纳力强又富有美观性，在空间中必不可少。MUJI 风格的定制家具多以白色、原木色两种色彩为主，柜子大多以“顶天立地”的形式进行设计，材质多以实木颗粒板和 KD 板木饰面贴皮为主。

图片来源：桐里空间设计

预算高的业主可以选择定制纹理自然、质感温润的纯实木家具，这些家居更符合 MUJI 风格的气质。

图片来源：合风苍飞设计工作室

第 6 步　造景设计与绿植选择

日本传统美学注重将自然的景色引入室内，常在室内摆上山川造景与植物，并利用不同空间之间的透视效果“造景”，从不同角度、不同房间看过去，都能有不同的景象，营造清雅自然的禅意美学。这种造景艺术也同样适用于本土化的 MUJI 风格。

图片来源：大成设计

1. 造景艺术

造景艺术其实源自独具构图之美的日式庭院设计，只是现在把它用到了空间设计中，看似简单，却需要对植物的定位和构图进行精心布局，这些都蕴涵着深刻的哲学思想和东方文化。

（1）利用墙壁开口造景

比如，在家里的墙壁上开一个圆形洞口，摆上一盆枝繁叶茂的植物，透过圆形洞口从另外一个房间也能欣赏到满眼绿意，再搭配低调舒适的灯光，即可营造出充满禅意的氛围。

图片来源：琢信装饰

（2）柜子里的沙石小景配合嵌入灯光

还有一种有趣的设计，可以将沙石小景摆放在全屋定制的柜子里，再配合柜内的嵌入式灯，普通的定制柜子也会瞬间变得有意境和高级起来。

图片来源：王城炫作品

图片来源：王城炫作品

2. 如何选绿植？

绿植是 MUJI 风格的灵魂所在。MUJI 风格讲究空间里的装饰取之自然，讲究自然和谐，所以 MUJI 风格的家里都会摆放大株的绿植，使得居所充满生机，即便是久居城市的人也能感受到植物扑面而来的自然气息，令人心旷神怡。

图片来源：B.S.D.o.

当然，也不是什么植物都适合 MUJI 风格。MUJI 风格最常用到的有马醉木、吊钟、景观竹、日本大叶伞、景观松等，尤其是马醉木，细细高高，枝叶茂盛，叶片秀气，看上去十分雅致清新，好像一棵小树，是如今最常用的网红植物。

马醉木（图片来源：大成设计）

景观竹（图片来源：沐兰工坊）

景观松（图片来源：沐兰工坊）

日本大叶伞（图片来源：龙鑫花卉）

3. 将室外景致引到室内

将室外景致引到室内一般为 MUJI 风格的别墅或私宅中会用到的设计手法，将庭院景观自然引到室内，透过落地玻璃窗欣赏窗外的景色，就像观赏一幅生动的天然画作。如果是阳光充足的晴天，微风轻拂绿枝，斑驳的光影照进房间，那景色更是美妙。

图片来源：B.S.D.o.

图片来源：木与火之宅，合风苍飞设计工作室

第 7 步　灯光设计

光的存在是为了“拥抱”房子，但它所创造的温暖氛围其实是在“拥抱”人。法国灯光设计师达维德 · 格罗皮（Davide Groppi）说过一句话：“灯光设计不是如何照明，而是如何迎接主人。”的确，灯光带给我们归家的温暖，也可以让我们彻底放松下来，同样也能创造氛围或重燃我们对幸福的感知力……所以，灯光设计，更多的应该是以空间里人的真情实感去做设计考量。

光是一门艺术，再美的空间少了灯光设计也是苍白的。但随着人们对空间的简洁、设计感要求的不断提高，灯光设计也变得越来越简约，以前流行的华丽吸顶灯早已一去不复返。

图片来源：B.S.D.o.

1. 日式 MUJI 风格的灯光设计原则

- ☑ 无主灯设计
- ☑ 见光不见灯
- ☑ 客厅留 3 ~ 4 处灯光
- ☑ 不要让灯光直接落在人或沙发上
- ☑ 灯光色温要偏暖
- ☑ 多使用令人愉悦放松的氛围灯

（1）无主灯设计

为什么一定要做无主灯设计？回想一下，你家平时开主灯的时候多吗？多数家庭都是一盏台灯就足以满足夜晚的照明需求。其实，主灯大多情况已经成为摆设，无主灯的多光源照明更实用，每个角落都能照得很清楚，见光不见灯，也不刺眼，还能很好地烘托空间氛围。

图片来源：Lorna de Santos

（2）灯带

①灯带就像空间中的光影美化大师，可以清晰显现局部空间或物件的轮廓线或层次感，比如凸显吊顶轮廓，丰富楼梯、墙面、家具等的层次感。

图片来源：黑白木设计

②灯带更容易让人感知空间的温暖和幸福感。当灯带开启的瞬间，身处其中的人马上能感受到静谧温馨的气氛，身体也能瞬间放松下来。灯带非常适合打造 MUJI 风格的治愈氛围。

图片来源：木与火之宅，合风苍飞设计工作室

图片来源：未见空间

③灯带可以辅助照明。灯带见光不见灯，为隐藏式的设计，突显了灯光给人的柔和舒适感，一般晚上只开一条灯带就足够了。

图片来源：观想设计

小提示

灯带一般要和吊顶一起考虑设计。首先要考虑好层高，只要层高大于 2.8 m，就可以设计平吊顶，再搭配隐藏式灯带，即可突出空间美感。如果层高受限，则可以考虑在地面或家具里设计隐藏式灯带。

（3）柜内灯

试想一下，当你回到家打开门的一瞬间，玄关里的感应灯立即亮起来迎接你，你顺势放下包和钥匙，换了鞋……一束光的相伴就可以让我们卸下一身的盔甲和疲乏。

柜内灯能起到装饰空间的作用，能突出柜子的设计美感；当然，柜内灯最重要的作用还是辅助照明，它让生活变得更加便捷。试想，当你半夜起床倒水或去卫生间时，柜子里的感应灯自动亮起为你照亮空间，让你深刻体会到它的实用和暖心。

图片来源：拓者空间设计

图片来源：品川设计

▲柜内灯一亮起，整个柜子都成为家中最美的装饰背景墙。

小提示

有条件的话，可以事先规划好柜内灯，建议在硬装开始之前就规划灯位，留电线，等到铺好水电后再考虑定制家居的位置就太晚了。

（4）射灯

关于能否在 MUJI 风格空间使用射灯的争议很大。有些设计师不提倡装射灯，因为它的灯光是聚焦式的，容易让人产生眩晕感，平时开的机会也很少。也有些设计师喜欢运用射灯来营造空间丰富的光影质感和突出材质质感。

如果你淘到了一个特别的柜子，或是自己特别喜欢的艺术品或装饰画，倒是可以用射灯来突出它们的存在。

小提示

射灯的光源集中，容易让人有眩晕感，一定不要装在人、沙发、床的上方。

图片来源：致物设计

（5）筒灯

筒灯比射灯实用得多。因为灯光暗藏在灯筒内部，所以柔和不炫目。筒灯适合安装在客厅，也适合安在走廊、玄关位置。多个筒灯也可以取代主灯。筒灯分隐藏式筒灯和明装筒灯，隐藏式筒灯需要至少 8 cm 的吊顶，明装则不需要吊顶，但走线比较麻烦。

图片来源：Homeadore

（6）吊灯

吊灯在 MUJI 风格空间中主要用于两个地方，一是餐厅，一是卧室床头。餐厅可以选择 5000 K 的中性光，运用于光照面广、光源充足的吊顶。卧室可以选择 2500 ~ 3000 K 的灯光，即偏暖一点的吊灯，使得房间更温馨。

图片来源：光印

▲ 5000 K 的中性光。

图片来源：清和一舍室内设计

▲ 2500 ~ 3000 K 的暖光。

2. 灯光色温怎么选

（1）根据风格和氛围选择

只要清楚自己喜欢的风格、氛围就可以很容易地选择灯光色温。如果喜欢温暖、慵懒的氛围，就选色温低的暖光灯；如果喜欢简洁、明亮的感觉，就选择中性光或冷光灯。

图片来源：今古凤凰空间

▲暖光用在 MUJI 风格中休闲且静谧，很适合打造一个放松的居所。

图片来源：Betwin Space Design

◀中性偏冷光用在极简 MUJI 风格中，给人干净、整洁、明亮、清爽的感觉，白天可以享受柔和的自然光，晚上则打造出一个简约、提神的明朗空间。

（2）不同房间，色温不同

图片来源：寓子设计

▲卧室选用暖光。

▼书房适合选用中性光或冷光。

图片来源：Behance

▼走廊也比较适合选用暖光，当夜幕降临时，温暖的灯光随即亮起，带来迎面而来的温馨感。

图片来源：Behance

（3）实用色温参考值

暖光灯：色温在 4000 K 以下，带给人温暖、放松、惬意的感觉，适合在休闲放松的空间运用。

中性光：色温在 4000 ~ 6000 K，仿自然光照明，给人一种明亮、清朗的感觉，是日常最常用到的灯光效果。

冷光灯：色温在 6000 K 以上，灯光偏蓝，给人冷静、清醒的感觉，一般适合用在工作或学习空间。

图片来源：LEDinside

3. 灯光的微妙变化

灯光细微之处的变化，足以改变我们对家的印象。这也是一个有趣的设计着手点，灯光可以改变材质的质感甚至颜色。在此看看不同色温的灯光在柜子里呈现的效果对比：

如左图所示，6000 K 冷光让白色柜子显得更加苍白、干净、冷静，但对木纹不太友好。喜欢家里明亮、干净、通透、一尘不染的人选偏冷光就对了。

图片来源：Behance

4000 K 中性光犹如给白色的家具增加了一点奶油般的质感，很是妙，冷暖相间，显得刚刚好。

图片来源：Studio VAE

2400 K 暖光则可以神奇地将原木色的柜子变成暖橙色，在空间里显得更有视觉冲击力，一眼望去，皆是温暖之光。

图片来源：NOVA home

2700 K 色温的灯光让深褐色的条凳变成富有层次感的暖金色，也是很妙！

图片来源：工一设计

灯光之妙，在于拥有千万种的呈现形态。看似微不足道，却给人一种温暖、一种慰藉、一种希望。当灯光再次亮起，我体会到家的温暖。

灯具装饰效果（图片来源：仲怡）

第4章

空间设计指导：爱住 MUJI 风格的家

在和当下元素的融合、碰撞中，经过改良的 MUJI 风格褪去了传统略显沉闷的面孔。在本土设计师独具个性的演绎手法下，迸发出清新脱俗、生动且鲜活的气质，打造出每个人理想中别具一格的 MUJI 风格之家。

遍数人间好时节

拥有 1000 个来自世界各地城市杯的家

- ▶ **设计公司：** 杭州上北装饰设计工程有限公司
- ▶ **项目面积：** 110 m^2
- ▶ **空间格局：** 三室两厅
- ▶ **摄影师：** YIGAO
- ▶ **主要材料：** 橡木实木、乳胶漆

业主画像

业主年龄：80后

业主职业：商务人士

居住成员：男青年，父母偶尔来居住

兴趣爱好：收藏、读书

生活方式：异国旅行、喝咖啡、喜爱无印良品

设计需求

无印良品原本是一个日本杂货品牌，其产品注重纯朴、简洁、环保、以人为本等设计理念。业主因为工作原因，经常到世界各地出差，喜欢喝咖啡，也爱好收藏，希望家能展示出自己人生旅途中的点点滴滴。城市杯是极具代表性和收藏价值的杯子，星巴克在全球的门店都有代表这个国家和城市的杯子，它们展现了一座城市的历史与文化，业主希望将这种历史和文化内涵呈现到自己的空间里。

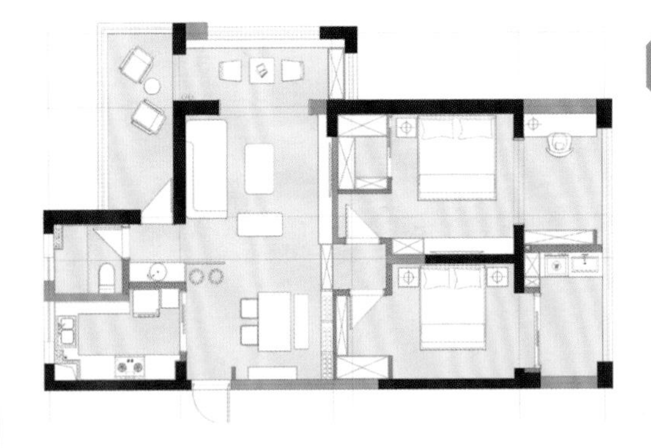

设计主题

阳光

温暖的阳光在空间中穿梭，舒倘，漫长。木头的香气弥漫在春日里。

绿意

空间里，枫树的叶子像极了一只只可爱的小手，有大有小，有长有短，像是在和刚回到家的主人热情地打着招呼。

质朴

小时候，我们感受到最多的美就是简单、纯朴。长大之后，这种感受越来越少，看过太多复杂和矛盾的我们内心更崇尚简单和纯朴。

满墙的城市杯，赋予空间浓厚的文化气息

客餐厅区域以温润质朴的橡木材质贯穿整个空间，并以素净舒适的棉麻沙发和地毯装饰中的自然材质融合照进来的和煦阳光，调和出淡淡的优雅温和的气息，如同民国时期的长衫文人，自带一种温文尔雅的儒雅气质。整个公共区域最吸引人的便是从餐厅墙面一直延伸到电视墙上方的满满当当的城市杯。这些杯子按城市和色调整齐排列，配合橡木收纳架底下厚重的书籍，让整个空间弥漫着浓厚的文化气息。整墙的格架结合墙体结构在造型上有虚有实，从餐厅的满墙格架到连接卧室的走道上方，再到和低矮的电视条柜结合，形成镂空的电视墙。虚实结合的柜体结构让空间丝毫不显得压抑，一体化的精细设计也让空间条理更分明，也增添了韵律感。沙发一侧以镂空的日式格栅门区分客餐厅空间，软性的分隔让两个空间有分有合，既不影响餐厅的采光，也不破坏空间的整体美感。

被温情和诗意包裹的温暖一角

延续客厅的原木情怀，餐厅厚重质朴的原木板桌以干净利落的直线造型呈现，自带一种原始风味。低矮悬吊着的轻盈日式造型灯让餐桌刚好沐浴在温暖柔和的光线下，有这样的一盏灯，无论就餐还是读书，或整理心爱的收藏品，都会是一件幸福的事情。餐桌一侧的原木餐柜上摆放着主人收集的装裱好的卡片，无印良品的纸质收纳袋昭示着主人是个不折不扣的 MUJI 风爱好者。桌子上高挑的玻璃容器里斜插着一株清秀疏朗的枫树枝，绿意盎然的叶片层层叠叠，在满屋原木风的质朴和些许沉闷里增添了几多生气和诗意。

MUJI
無印良品
28

细数悠然漫长的时光

整个房子里，休闲阳台大概是最让人羡慕的角落了，这里也是业主最喜欢待的地方，沐浴着清晨的阳光，静静地坐上一会儿，一种莫名的满足与安定感油然而生。由于主人经常出差，工作繁忙，家便是他休闲和安放心灵最好的地方。设计师特意利用阳台打造了这处舒适的放松角落，阳台地面做了抬高处理，门框以原木包裹，配上飘逸的白纱帘，就成了一个多维空间茶室。摆上小巧的茶几和舒适的棉麻坐垫，随意插上几株枫树枝，摆上藤编的收纳篮，一杯茶或一杯咖啡、一本书，就能让你沐浴着和煦的阳光在这里细数时光，一个下午就这样过去了。

简洁空间里的美好

两个卧室的结构和格调都很简单，整体延续了灰白色和原木色的基调，简洁又舒适。次卧的收纳柜沿着墙体结构，形成一处凹进去的小型衣帽间。没有多余的家具及配饰，简洁的书法作品就是空间最好的装饰。开阔的主卧兼具了衣帽间和小型书房的功能，并将电视纳入空间。竖向的收纳柜和底下横向的电视柜贴合墙体，为一体化设计，刚好框出一面电视墙，悬空的柜体设计让空间更显轻盈。为满足主人处理日常工作的需求，设计师还利用卧室阳台打造了一处小型的书房，在阳台一端贴合墙面设计了悬吊式书柜和简洁的工作台，黑色的台面和书柜层板让整体的原木色调更显得高级、有质感。一旁的条凳和方桌，让主人在工作之余也可以看看书，或喝杯咖啡提神。

朴境
自然感的原木空间

- **设计公司：** 南京会筑设计
- **项目面积：** 76 m^2
- **空间格局：** 两室两厅
- **主要材料：** 乳胶漆、瓷砖、地板、KD 板

业主画像

业主年龄：90后

居住成员：新婚夫妇

居住理念：崇尚自然、质朴

兴趣爱好：读书、写字、听音乐

设计需求

这套房子是业主的婚房，他们俩都喜欢木质清新的风格，希望在结束一天的工作后，回归温润、带有自然原始味道的小窝，享受轻松、舒适、无拘无束的独有时光。所以在设计的时候，没有运用华丽的设计手法，仅仅运用大量的木质元素，营造出这个拥有温润特质且温暖的空间，让业主体味最自然、最真实的纯粹幸福。

户型改造

这套房子原本是长条形的户型，两室朝南采光良好，但也有很明显的缺陷：厨房空间局促，没有独立的餐厅区域，主卧需要从次卧进入，动线不畅，收纳空间不足等。结合业主的需求，设计师对整体房型进行了比较大的改动，让动线更加合理，同时也拥有了更多的收纳空间：

① 原主卧室和原次卧室对调，增加主卧室的舒适性，床尾设计了一整排的衣柜，大大满足了卧室的收纳需求。

② 去掉主卧室与阳台之间的移门隔断，让主卧室更加通透、敞亮。

③ 原主卧室改成了次卧室，采用了“衣柜、书桌、榻榻米”的紧凑模式，完全可以满足日常的学习和办公需求，榻榻米的设计既可以解决偶尔来人时的居住问题，又增加了整屋的收纳空间。

④ 客厅区域靠厨房一侧增加了餐厅空间，由于空间有限，采用了卡座形式，满足用餐需求的同时又增加了收纳空间。

⑤ 将原次卧的门洞封堵起来，并没有采用整体砌墙的形式，而是以置物层板的形式设计，也增加了客厅区域的收纳空间。

⑥ 对厨房和卫生间之间的墙体进行了部分偏移和做薄处理，以满足高柜、冰箱、花洒等所需的最适合尺寸。

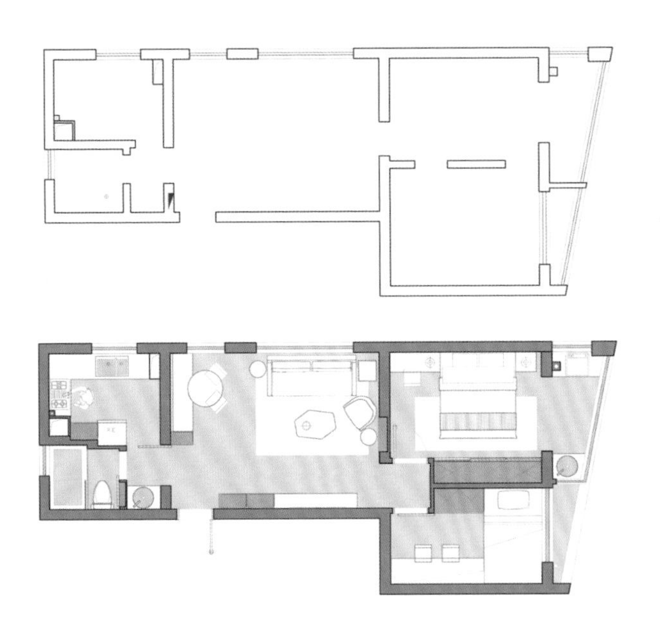

原木元素及规整收纳，满足功能性及视觉享受

主人喜欢清新质朴的原木风，设计师在客厅运用了满满的原木元素，营造出置身于自然的惬意感。而原木与白色的结合，则诠释出纯粹与温暖。白色乳胶漆墙面加上 L 形电视柜组成的电视背景墙，简单却不失格调。有一整排的抽屉收纳，悬挑柜既是电视墙的装饰，又是入户时的门厅收纳柜。一块黑色条板穿插入柜体，即刻打破了柜体的单调和呆板，令设计感凸显。在保证强大收纳功能的同时，也满足了视觉的享受。

色彩统一的视觉感，彰显虚实相映的优雅本质

公共区域的客厅和餐厅紧密相连，而沙发背景墙和餐厅区域的两扇开窗设计打破了背景墙的完整性，也让两个区域形成视觉分割。设计师采用蓝灰色乳胶漆让整面背景墙形成统一的视觉感，搭配素净的白色百叶帘，让看似不完整的墙面展现出高级感。原门洞位置的置物层板设计，增加了空间的趣味性和实用性，层板底部的嵌入式灯带发出幽幽的光芒，令空间的艺术感和立体感更加强烈。满足使用要求的同时也保留了主人想要的质朴、优雅的本色空间，让他们可以独享这份恰到好处的幸福。

CEREAL

Arletta

利用材质划分空间，用原木营造温馨就餐时光

原户型没有独立的就餐空间，设计师运用不同的铺地材料划分出两个相对独立的空间。从门厅到餐厅区域采用浅灰色的地砖铺贴，与客厅区域的鱼骨拼地板无缝拼接，形成两个不同空间的区域划分，视觉上也更清爽、时尚。定制卡座的底部保留了收纳功能，搭配同为原木色系的吱音森叠桌，没有多余的线条和复杂的结构，为主人营造出独立且温馨质朴的就餐环境。

原木色搭配脏粉色，营造温柔复古的休息空间

主卧室延续了主人喜爱的原木色系，打造成自然木感的空间。多了一丝灰度的脏粉色因其独特的气质与理性魅力一度广为流行，脏粉色与原木色撞色，多了几分温柔又让人心动的复古感。来自源氏木语的纯实木梳妆台兼书桌的流畅边线和高挑锥腿中和了实木的厚重感，看起来不显笨重，呆萌可爱的圆孔拉手，让空间带点童趣，也多了些美好。

色彩统一空间

顺应主人的工作习惯，次卧室主要作为书房空间，可满足随时处理工作或阅读的需要。蓝灰色乳胶漆墙面与客餐厅色系一致，搭配原木色悬挑书桌，让空间显得干净利落。书桌是由木工师傅现场打造的，外贴科定的成品木饰面，统一了自然木感的空间。

长虹玻璃隔断，兼顾颜值与便捷

干湿分离的卫生间，顶面采用防水石膏板吊顶，没有集成吊顶的接缝让视觉整体感更强。淋浴区没有做传统的玻璃淋浴房，只用了一块超级火爆的长虹玻璃作为隔断，兼具颜值和便捷。

岚

静谧蓝与原木编织的温情之家

- **设计公司：**重庆琢信装饰有限公司
- **主设计师：**杜艺、魏鑫
- **项目面积：**102 m^2
- **空间格局：**三室两厅
- **主要材料：**白蜡木、红橡木、岩板

业主画像

业主年龄：35~40岁

业主职业：公务员

居住成员：夫妻、女儿，父母偶尔留宿

兴趣爱好：阅读、看电影、烹饪

户型改造

①拆除厨房原有隔墙改为开放式厨房，同时将生活阳台并入厨房，缓解厨房料理区过小的问题，晾晒区改在了观景阳台。

②餐厅设置西厨区，吧台和餐桌相连，增加互动性。

③用餐区与客厅区域之间增加小朋友的游戏区，预留了钢琴位，增加一步台阶以减缓楼梯坡度。

④拆除主卧飘窗，扩出空间给女主人安放一张梳妆台。

设计需求

本案是当时市场上流行的错层式结构，这种结构限制了空间的灵活性。厨房过于狭窄、交互空间不足，原始楼梯陡峭都是亟待解决的问题。在和业主夫妻的交流中，能感受到他们对孩子未来的期待，为了方便照顾孩子和兼顾老人的生活习惯，希望空间更加具有交互性。原本独立的厨房要变成开放式的，让女主人不用一个人在狭窄的厨房忙碌，同时餐桌向厨房内移，在餐区和客厅区之间增加一个小朋友玩耍的区域，也要预留今后摆放钢琴的位置。

女主人热爱烹饪，工作之余还负责照顾一家人的饮食起居，虽然只隔了“一碗汤的距离”，但她也希望能给父母预留一个房间。上一套住所匮乏的储物空间是她最大的痛点，所以实用、简单、舒适是她对这个新家最大的期望。

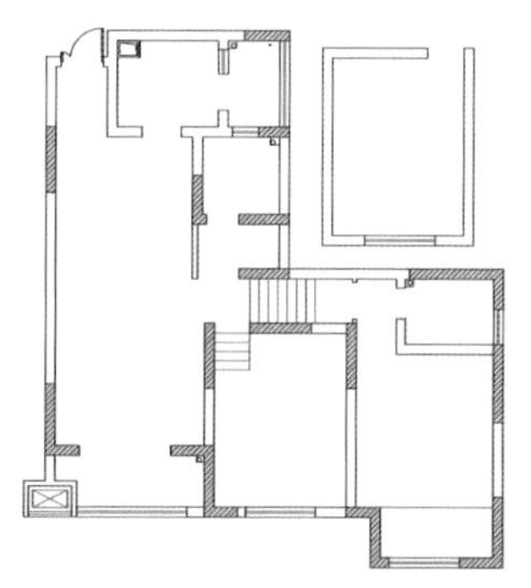

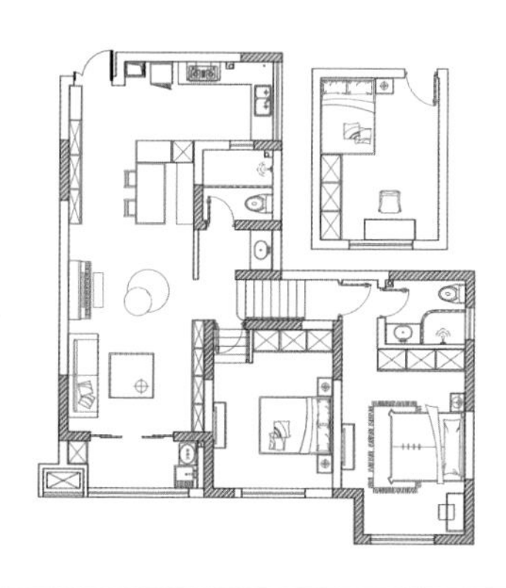

灰白色基调与自然材质，重新定义通透空间感

为满足主人对简单舒适及通透空间感的要求，设计师在整体空间上以白色和灰色为基础色调，搭配原木色和深灰色，让整体空间显得清爽又温润。材质上多选用木材、岩板等亚光面的，体现自然爽朗的空间质感。在区域划分上，尽量规避视线和动线上的生硬切割，让整个空间保持统一性和通透性，主人在家也能感受到自然宜人的清爽气息。

一体化柜体，贴心满足收纳及便捷需求

为满足主人庞大的收纳需求，设计师在进门右手边的入户处预留了 3.6 m 长的整面大鞋柜，可供妥帖收纳一家人的日常用鞋。嵌入式一体化的换鞋软凳，让小朋友和老人可以坐下来换鞋，鞋凳上方还安装了挂钩，方便回家时随手将包包或大衣挂起来，非常贴心方便。

开放式餐厨空间，增加家人的互动交流

女主人热爱烹饪，希望有一个宽敞又方便和家人互动的开放式厨房。设计师将厨房打通，与餐厅相连。在料理区采用六角花砖与其他区域的木地板相接，不仅解决了油污和水渍的问题，而且让空间更加活泼灵动。墙面选用了白色的几何花瓣砖，轻快爽朗又带有一些小浪漫，让下班后的女主人为一家人备餐时也拥有愉悦的心情。

灵活运用吧台，满足味蕾享受

餐厅区域运用一个小小的吧台作为西厨区，与餐桌相连的设计让它不仅可以作为备餐区来使用，作为简餐台或者传菜区也非常实用。对于爱吃火锅的重庆人，更是再方便不过了！而卡座式的餐椅设计解放了空间，最大限度地保证了主通道的宽敞。

给空间留白，自由切换不同生活场景

客厅是家人的核心互动空间，主人希望尽量留白，只是布局了简单舒适的亚麻布沙发和可以随处安放的小几，让空间保留了更多的可变性，能够根据不同的生活场景自由切换。而整面的储物柜收纳功能强大，小朋友的玩具、夫妻俩的书籍、日常生活的杂物，统统都有了归属。沙发与鞋柜间的空当是今后放立式钢琴的位置,琴谱都可以放在朝向客厅的开放格里。

暖灰色基调与童趣软装，打造童真小天地

儿童房的设计考虑到孩子的成长特点，设计师在硬装上并没有做太多的儿童化设计，而是以清爽的暖灰色作为基调，并用吊扇灯、云朵床、小床帐、宇航员挂画等元素，为小朋友打造了一个充满幻想和童真的小天地。

暖粉色搭配原木色，营造静谧柔和的休憩氛围

主卧室背景墙采用了女主人喜欢的暖粉色，窗帘采用了同样明度的薄荷绿色，它与暖粉色形成视觉对比，让空间更加明快，有层次感。它们再搭配质朴厚重的原木衣柜，造型别致、轻巧的床头柜与化妆台，配合简洁造型的灯饰及素净的床品，为主人打造出静谧柔和的休息空间。

晓月天

家人闲坐，灯火相伴的夜读时光

- **设计公司：** 重庆琢信装饰有限公司
- **主设计师：** 杜艺、王阳洋
- **项目面积：** 117 m^2
- **空间格局：** 三室两厅
- **主要材料：** 樱桃木、棉麻

业主画像

业主年龄：30~35岁

业主职业：教师

居住成员：单身，父母偶尔来居住

兴趣爱好：阅读、看电影、听音乐

生活方式：饮茶、烹饪、收藏小物件

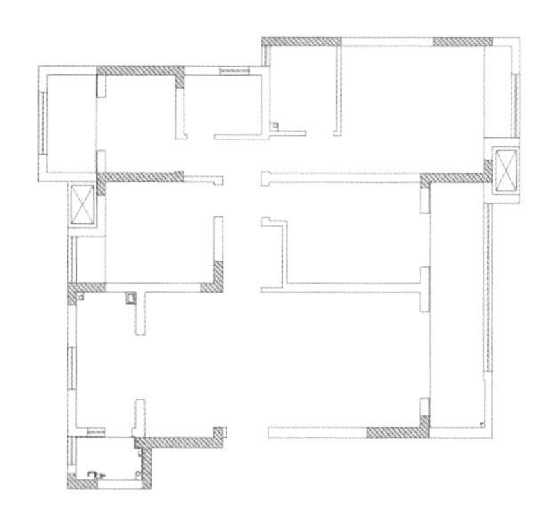

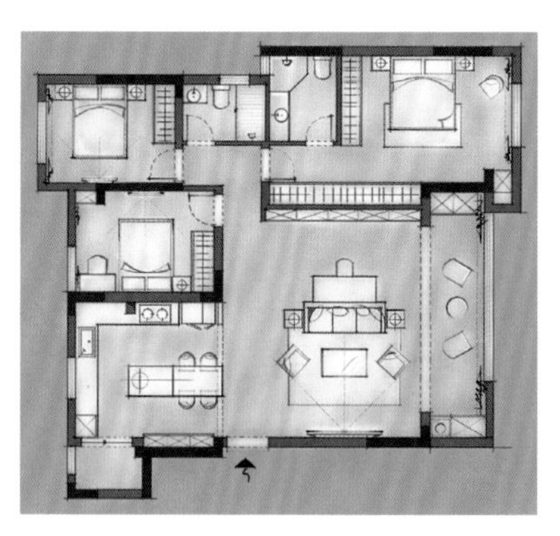

设计需求

业主出身书香门第，从小立志为往圣继绝学，为万世开太平。毕业以后成为一名老师，独自定居重庆。在三尺讲台以外，烹饪、听音乐、阅读、看电影、品茗、收集小物件都是他闲暇生活的调味剂。每一次见到他时，都感觉他身上散发着温润的木质清香，主人也希望拥有一个带着自然质感的原木之家。

本案原始户型为四室两厅，使用面积只有 117 m^2，每个房间的收纳空间都不足。且因楼层较低，窗外树木遮挡了阳光，整体空间的采光通风都不理想。怎样合理规划功能分区，在满足日常功能的同时，扩大业主的使用空间，解决初始结构的若干问题，是设计师首先要考虑的。

开放式餐厨空间，实现功能最大化

主人希望一踏进家门就能感受到轻松平静的生活气息，原本的入户区域较为封闭，为此设计师对入户的鞋帽区和餐厨区的布局进行了调整。让封闭的厨房区域与逼仄的餐厅区域空间都得到了释放，改造后的厨房除了拥有更完善的采光和动线以外，还增加了岛台区域，让空间更灵活，更具有延伸感，同时实现了功能的最大化。

樱桃木搭配自然石材，打造自然统一的空间

主人偏爱带有自然气息的材质和氛围，在空间色调和材质的选择上，餐厨区域选用了和客厅区域一致的樱桃木色调作为呼应，保证了空间色调的连贯性。同时，墙面、地板和吧台都采用了易于打理的灰色大理石或水磨石，让空间更加清爽、洁净。通往生活阳台的滑门选择了边框极窄的瓦楞玻璃门，既引入了光线，又保证了隐私，丰富的光影变化也让空间更有趣味性。

扩展空间，营造自然光感公共区域

原始户型在有限的空间里设置了四室，每个区域仅能满足主人的基本生活，除此之外，主人也希望拥有视野更开阔的公共区域。为此，设计师拆除了与客厅相邻的卧室，将一部分空间放置衣柜以增强主卧室的收纳功能，一部分空间并入客厅作为开放式书房，同时将观景阳台纳入客厅区域，尽可能地引入自然光，让公共区域的采光、通风更顺畅，整个公共空间变得明亮、宜人又舒适。

环绕型动线及超大书柜，打造灯火的温暖空间

为满足主人工作和兴趣的需求，重新规划后的客厅区域以沙发和书桌作为核心形成环绕型动线，影音区与书房相对独立又互相关联。家人闲坐在一起，灯火相伴，不管是与好友畅谈还是独自伏案工作，都会让人倍感自由舒适。书桌后面为业主预留了近 4.5 m 宽的大书柜，半开放式的柜子里存放着很多书，世界很大，时间很长，你读过的书、经历的事都会慢慢成为你的一部分，好似星河里的点点繁星。

打造收纳与休闲兼顾的多功能阳台

设计师将观景阳台并入客厅，部分空间用于收纳洗衣机和烘干机，解决了业主日常的晾晒问题，并将剩余的空间打造成可供主人休息娱乐的舒适休闲区域。一整面的落地窗同时带来优越的采光和景致，在冬日的暖阳里，光线穿过麻纱的窗帘，让居家时光变得舒缓而悠长。

暗藏柜体搭配樱桃木家具，打造宁静柔和的休憩空间

卧室是主人一天中停留最久的地方，设计师拆除了飘窗和原本的空调机位，让主人拥有一个更宽敞的主卧空间。并将原本与隔壁房间的共墙退后 60 cm，巧妙地增加了一面超大的暗藏衣柜，实现了强大的收纳功能。在光线最好的窗边，安放了一个小小的梳妆台，这是细心的业主主动提出为未来的女主人准备的。卧室空间仍然选用了温暖的樱桃木家具，床头背景以暖木棕色的墙漆装饰，搭配简洁的画框、素净的棉纱窗帘和灰色床品，让空间显得宁静又柔和。

自然与绿意并存，植物是最好的装饰

老人房拆除了隔墙，扩大了使用面积。由于父母只是偶尔来居住，顺应老人喜好简洁、安静的特点，设计师在硬装上没有过多地雕琢，仅仅在暖白色的整体基调中，融入原木色的床和地板，搭配素色的麻纱窗帘和富有诗意的中国画，以及疏朗纤细的插花，空间显得自然、清新又舒适。窗外郁郁葱葱的植物风暴和阳光透过纱帘，成为房间里最好的装饰。

伴归
木器有温，生活有度

- **设计公司：**合肥行一空间设计
- **主设计师：**王馗
- **项目面积：**89 m^2
- **空间格局：**三室两厅
- **主要材料：**乳胶漆、木饰面

业主画像

业主年龄：90后

业主职业：会计师、园林工程师

居住成员：男、女主人

兴趣爱好：养生

生活方式：喝豆浆、泡脚、宅家

设计需求

这套房子是小两口的过渡居住空间，以后有孩子了会再置换改善型住房，这房子就给爸妈住。因此在空间规划上，设计师进行了大胆的尝试：主人希望打破常规的户型，在靠近卫生间的位置留出方便泡脚的角落，并拥有各自独立的功能空间和别具一格的空间氛围。

户型分析

本案属于常规的三居室，在小细节上也存在很多不足，具体如下：

①入户鞋柜的位置较为尴尬，放左手边深度不够，放右手边占厨房的空间。

②原结构的主卧里，如果按照原始位置设计衣柜，会压缩主卧空间，让整体空间显得狭小。

③卫生间空间狭窄，原始的结构无法实现主人希望的干湿分离。

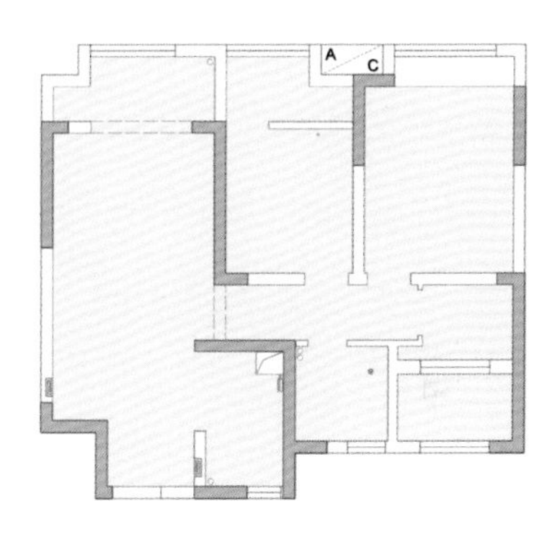

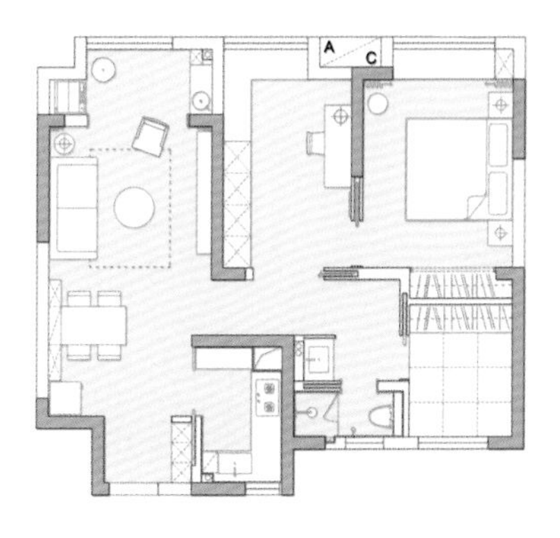

格局改造

①设计师利用鞋柜的柜体和削薄的墙体，设置了第一扇内嵌门，既保证了过道的宽度，也能让鞋柜拥有足够的深度，同时厨房空间的利用也能最大化。

②设置第二扇内嵌门，将独立卫生间改造成干湿分离的两个区域，让原本狭窄的淋浴空间更为舒适。

③运用第三扇内嵌门，将北面靠近卫生间的小房间打造成榻榻米房，满足了业主想就近泡脚的心愿。

④利用第四扇内嵌门，打造了小两口的书房和卧室的套间。

⑤设计了第五扇内嵌门，让卧室和书房变身为一个可开可合的灵活空间。

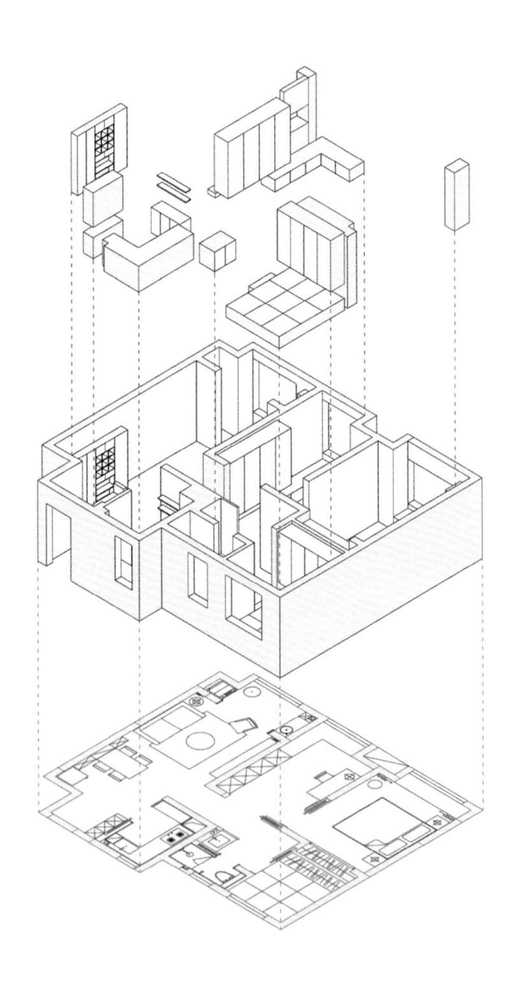

精确到毫米的暖心鞋柜

入户鞋柜经过设计师特别设计精确到毫米，能满足主人收纳鞋的需求。鞋柜旁边是隐藏厨房的铁艺玻璃移门，通透的材质让一进门的玄关区域也显得开阔敞亮。鞋柜的中部与底部留空，方便主人放置随身物件和拖鞋，空格里运用了隐形灯增加层次感，让空间显得灵动又轻盈。

简单纯真的森林时光

男主人是园林工程师，希望自己的家也随处洋溢着森林般的自然气息。为了让客厅区域更舒适自在，设计师巧妙地将阳台纳入客厅，扩大了使用面积，增加了自然采光。又运用极简点光源的顶面搭配木地板，灰色布艺主沙发搭配样式简洁且纹理粗犷的原木家具，再配上素色的棉麻编织地毯，让主人即使在家里也仿佛回到有着清新原木气息的大自然中。电视背景墙延续了大白墙的简洁风格，仅仅以简洁的悬空原木电视柜，搭配精心挑选的吊钟和心爱的装饰画，让主人在家就可以享受一段简单纯真的森林时光。

原木风九宫格

餐厅位于客厅一侧，特别设计的餐边柜满足了客餐厅的收纳需求，同时也可作为餐厅别致的背景墙。柜体中间设置了开放式的原木九宫格，摆上磨豆浆用的各种玻璃罐子即可变为一个独特的展览区，其原木材质也与木质的餐桌椅形成呼应。悬吊低矮的浅灰色简洁造型灯刚好垂在木质餐桌上方，一旁的木头小几上小巧的绿植给空间带来一丝生机。当夜幕来临时，两个人围坐在灯光下，不管是一起喝豆浆还是各自看书，都自有一种温暖的惬意。

水泥灰色搭配小方砖，营造清新通透的空间感

厨房区域以水泥灰色地砖搭配白色的方砖墙面，再以白色的地柜搭配木色隔板，简洁干净的材质和色调打造出一个清爽宜人的开阔空间。并运用铁艺玻璃移门隔离了操作区的油烟，不仅节约了空间，而且保持了空间的通透性。

可开可合的书房加主卧式套房

为了让主卧更舒适，设计师将两个卧室合并，打造成一个主卧套房，将舒适的休闲书房搬进卧室。整个书房区域以原木和白色为基调，原木地板配合简洁质朴的原木条桌、Y 形木椅、原木边框的落地镜以及木质的墙面，打造出一个舒适自然的原木空间。从窗户一直到墙边特别设计了 L 形的卡座，铺上舒适的垫子和靠枕，女主人可以在这里发呆、晒太阳。再用简洁的点式灯光与零星的小绿植点缀出温馨自然的氛围。而主卧空间则以极简的墙面、天花板及散射灯光搭配原木地板，以抽象装饰画修饰留白的床头背景，灰褐色大床搭配浅灰色棉麻床品和卡其色窗帘，整体运用低饱和度的色彩营造宁静的睡眠环境。随意摆放的藤编脏衣篮和原木床边几给空间注入了悠闲自然的风味。

干湿分区，兼顾功能和颜值

卫生间按照业主的要求进行了干湿分区，设计师在台盆区域与淋浴区之间的隔断墙上设计了木质窗口，既补充了通透的光线，又增加了趣味性。淋浴区的白色方砖搭配壁挂坐便器，再以顶面灯光洗墙，让小空间显得干净又实用。坐便器对面的淋浴区里，白色小方砖与黑色五金件特别搭配，墙面还特别设置了壁龛方便主人随手放置物品。

二手房的重生

科学布局配和轻盈软装，打造清爽宜人的家

- **设计公司：** 合肥行一空间设计
- **主设计师：** 徐亚男
- **项目面积：** 65 m^2
- **空间格局：** 两室一厅
- **主要材料：** 乳胶漆、木饰面、长虹玻璃

业主画像

业主年龄：25~30岁

业主职业：医护

居住成员：新婚夫妇和未来的宝宝

兴趣爱好：阅读

设计需求

本案实际使用面积为65 m²，户型比较特殊，客厅没有采光和通风，有多处三角形区域，且业主都是医护人员，高强度工作状态使他们希望拥有一个可以全身心放松的家，在空间收纳与氛围两方面都需要兼顾，给设计师出了个难题。

功能需求分析

对于小户型的空间设计，业主往往要求设计师尽可能多地考虑收纳，而忽视了空间尺寸，比如走道、过厅的宽度以及茶几上方的高度等，这些才是影响居住者长期活动和生活体验的原因所在。恰恰因为是小户型，设计师在空间规划上首先要考虑的其实不是收纳，而是“空”的尺度。过道必须在多宽的范围，层高必须在多高的范围，才能保证居住者在空间里不觉得局促。即先考虑好“空”的尺度，再在“不空”的空间里设计收纳。

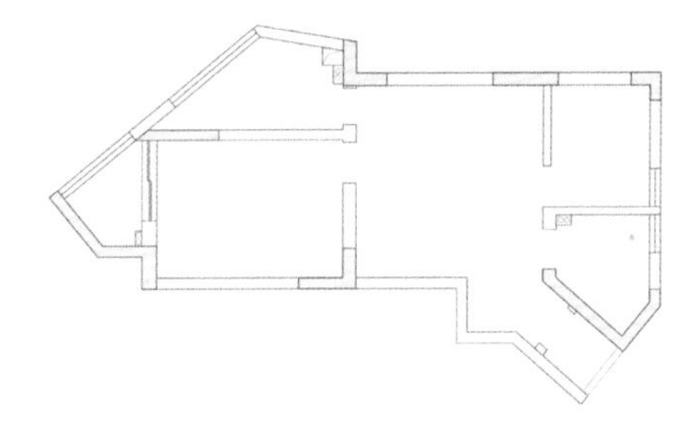

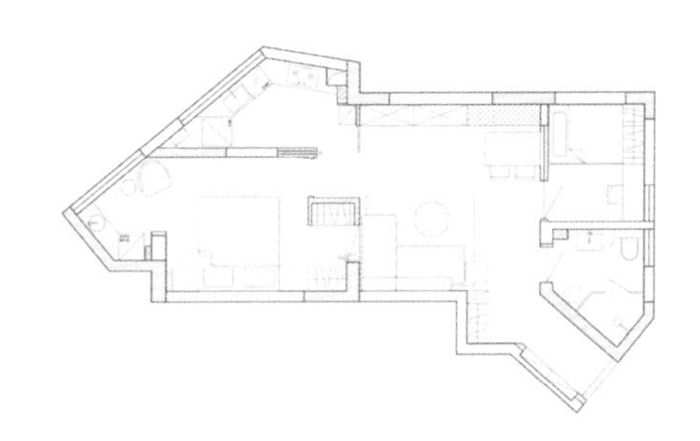

注重空间的舒适尺度

原始户型的玄关走道狭长，在家具与空间尺度设计上必须非常得当。设计普通尺寸的鞋柜会让主人入户时有狭长又拥挤的感觉，于是设计师将原墙体掏去一半，并嵌入整面柜体，既保证了视觉上的清爽利落，又让收纳功能更强大，可供主人放置 40 双鞋。还在变得宽阔的走道一侧贴心设置了长条形的换鞋凳，顶部墙上的原木挂钩和穿衣镜也方便主人进出门时整理着装、挂取衣服。

纯净色调及点状光源，打造纯净温馨的家

整体空间基调以白色、浅灰色为背景，浅原木色为主体，辅以土黄色、棕色、暗橘色为延展色。最后将翠绿的小件植物点缀在空间的各个角落，带来画龙点睛的效果。配合无主灯的照明，简洁散落的点状光源仿佛给这个家披上一层轻盈的薄纱，显得纯净而温暖。

合理规划功能区和动线，让空间张弛有度

设计师对客餐厅区域重新做了合理的功能划分和动线布置，将厨房与餐厅布置在同一边，并运用卡座设计解决了多人用餐的问题。整面的电视背景墙柜体扩充了客餐厅的收纳空间，而电视柜体下方悬空挑高，补充了客厅空间的“空”，让空间张弛有度。

整合设计，解决通风、采光及收纳难题

由于原始户型多异型角落，设计师将这些角落整合设计成收纳空间。为弥补客厅通风采光的不足，在客厅与主卧之间的墙体上做了一扇小窗户，窗户下方则被巧妙设计成收纳柜体，考虑到沙发的使用，将四个抽屉以 1 ∶ 3 的比例分配给客厅与背后的主卧衣帽间。该设计同时满足了客厅通风、采光及沙发一侧的收纳这三个需求，可见设计思路的精巧。

轻盈家具、无主灯照明的浅色天花板搭配稳重地板，延伸空间感

为了让整体空间更舒适，满足主人对家的精神需求。设计师运用了浅色木艺与藤编、玻璃门、轻巧简洁的家具，烘托空间清透的氛围。全屋天花板采用无主灯照明设计，尽量不干扰空间的“空”，并用白色乳胶漆最大程度地减弱天花板的存在感。木地板则采用了较为深的中间明度色调，颜色比天花板、墙面和家具的明度深，带有明显的纹理质感，并以鱼骨拼接形式拼接，增加了地面在整体空间的稳重感。家具轻盈，天花板轻浅，地面相对稳重，材质间的对比度强，让小空间在视觉上具有延展性，显得轻盈开阔。

灵活运用隐蔽角落，增强收纳功能

厨房有一处逼仄的异型角落，设计师在冰箱底部放置了滑轮托盘。冰箱背后是锅炉设备，同时还可以收纳粮食。在保证走道宽度的前提下，设计师在卫生间洗手台与坐便器一侧，设置了半嵌盆、镜柜、台下柜、斜面收纳搁板及隐藏式水箱，让狭小空间也能满足各种收纳需求。

春分

森系原木风的氧气之家

- **设计公司：**成都境壹空间装饰设计有限公司
- **主设计师：**靳泰果
- **项目面积：**130 m²
- **空间格局：**三室两厅
- **主要材料：**石材、木材、设计师的砖、地板、布艺

业主画像

业主年龄：40岁

业主职业：高管

居住成员：一家三口（目前阶段周末小住）

兴趣爱好：阅读、弹琴、喝茶

设计需求

业主家庭成员很少，房子以满足一家三口的生活需求为主。主人对卡座有特别的偏爱，同时要有足够多的储物空间。简约又自然、舒适的氛围是业主对空间的基本诉求。

设计主题

春分，是农历一年中的第四个节气。古语云："春分者，阴阳相半也，故昼夜均而寒暑平。"此刻万物已然生发，即将进入繁茂的状态，树木花草生机也愈盛。日月星辰轮换交替，生生不息。

木，触感柔和温润，纹理丰富，是一种常见的装饰材料。爱木之人，多稳重踏实，气质内敛，对居住环境的期许为在静止的空间里融入自然之气，感受时间与生命在此间流动。

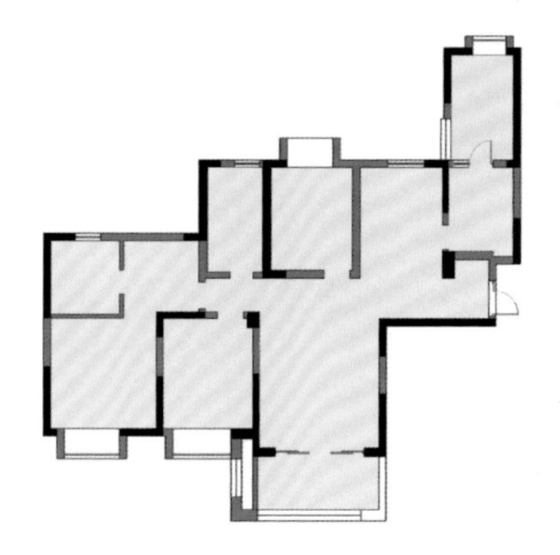

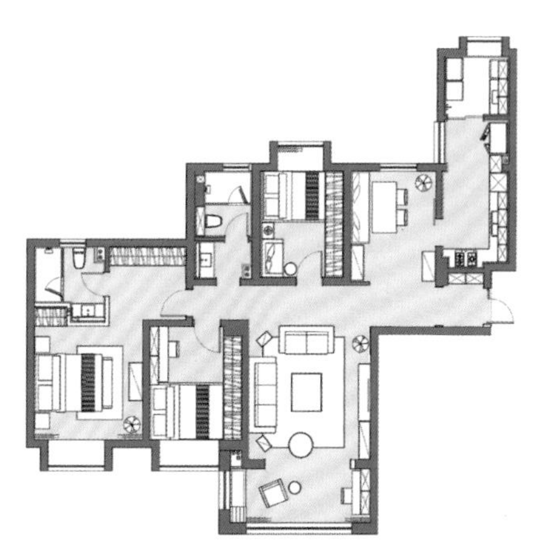

温润自然材质，营造森系氧气之家

本案以“春分”为主题意向，以“木”为材质依托，运用木家具与木工艺品，带给空间细节精致感。围绕木质材料，设计师搭配了棉麻、白纱、黑铁、土陶、玻璃、灰砖等材质，它们与木材具有同样的温润特质，硬度却大相径庭，这样的搭配既让丰富的材质在硬度上有层次，又能统一整体空间的柔和气质。

五色点缀，赋予空间灵动气韵

在空间材料风格的把控上，设计师没有使用同一种深浅程度的木家具，而是从深棕色到浅蜂蜜色中灵活选配，并不执着于追求每一处木饰面形态的统一，反而增加了空间的趣味性。在内敛质朴的基调下，所有饰品陈列看似漫不经心，其实在木材质以及墙面暖灰色背景中点缀了黑色（或白色）、绿色、蓝色、红色、黄色五种色相，正好对应五行的基本元素：金、木、水、火、土。风与光自由流动，在可见的空间里生出不可见的气韵。至此，伴随着居住者的文艺气息，空间的灵魂与表情逐渐有了轮廓。

贴心打造靠窗的宜人角落

在空间功能上，设计师主要满足三口之家的生活需求。由于女主人特别喜欢卡座，设计师特意在靠窗的餐厅区域设计了舒适的卡座，底下还带有柜体，增添了收纳功能，并在餐厅两边置入原木风的餐边柜和展示柜，供主人展示心爱的装饰物，既增加了装饰性和实用性，又让空间更加饱满。为分隔餐厨空间，设计师特别设计了谷仓门，给整体原木风的空间增添了一丝粗犷的趣味。茂林修竹、窗明几净、阳光熹微，有这处舒适宜人的角落，主人闲暇时就可闲坐于此，读书喝茶、围炉夜话。

功能齐全、舒适的私人空间

主卧室延续了整体空间浅灰色和原木风的舒适风格，并采用了简洁的无主灯设计。将衣柜设置在卧室进门处的缓冲地带，还从主卫划出了小块区域用于收纳换季衣物。次卧是女儿房，为了节约空间，设计师采用了地柜设计来增强收纳功能，并只放入样式简洁的书桌和悬挂式书架，留足空间给小朋友学习、玩耍。

时光里
煮茶逗猫的仪式感

- **设计公司：** 见微陈设艺术设计
- **项目面积：** 89 m²
- **空间格局：** 三室两厅一卫
- **主要材料：** 进口地板、橡木、水磨石、乳胶漆、实木家具
- **拍摄：** RICCI 空间摄影

业主画像

业主年龄：90后

业主职业：律师、金融行业

居住成员：新婚夫妇+两只猫

兴趣爱好：打网球、喝茶、读书

生活方式：煮茶、逗猫、旅行

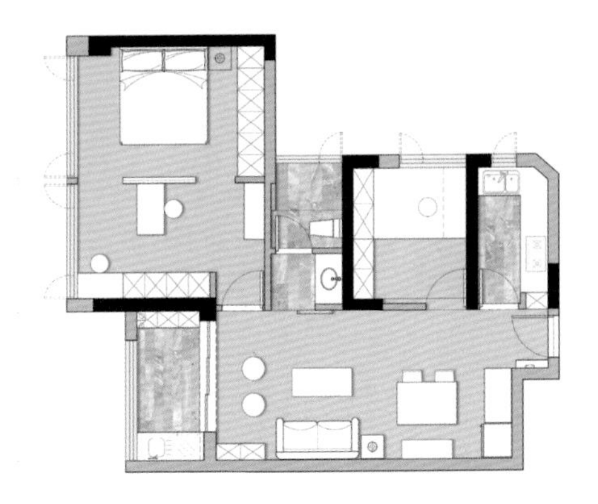

设计需求

屋主是一对新婚夫妇，年轻的主人曾多次赴日本旅游，对简约而温馨的日式风格很认同。男女主人都喜欢干净、纯粹的空间，喜欢原木的质感，希望空间的风格保持一致。简洁、温馨是他们理想中家的模样。家里除了夫妻两人还有两只可爱的猫咪，空间规划要考虑到宠物的习性和趣味性。

留白搭配原木家具，打造舒适原生态日式风

由于男女主人都喜欢简洁的空间，设计师在空间内运用了大面积的留白，再搭配原木家具，形成白色和原木色的整体基调。大面积的留白是日式风格里常用的手法，简洁、纯净的色调和材料也能更好地融合搭配。设计师将白色和原木色的格栅、藤编的家具等搭配得非常自然，也展示了日式风格的舒适感和原生态的氛围。

给空间留白，随心打造温暖角落

整个空间的硬装很简单，给空间留有余地，让主人日后可以慢慢添置他们喜欢的东西。沙发背后留了很大一面空白墙面，后期主人可以根据自己的喜好慢慢填充，比如增加一些搁板用于放书或小盆栽，或者做成家庭的照片墙，给空间融入温暖的生活气息。

简洁造型，增添空间趣味感

客厅墙面预留了投影仪的轨道槽，并设计了可以依空间需求自由滑动的木格栅屏风，配合圆形的墙洞，既增添了空间的趣味性和装饰感，又弱化了客厅门洞过多的视觉差。面向客厅的干区洗手间的圆形墙洞设计抬高了视觉中心，既增强了互动性，又增加了干区的采光。吊顶采用了无主灯设计，配合薄薄的围边吊顶，不仅提升了空间层次感，还对顶面做了减法处理，让整体视觉感更干净利落。

主卧加书房套间格局，灵活切换空间功能

设计师在平面布局上没有做大的改动，唯一较大的改动是将主卧和客房打通，形成一个主卧加书房的大套间，并以灵活的木格栅分隔两个空间，让两个空间既能互动，又可隔离，配合来自大面落地窗的自然光，整个空间显得灵动又舒适。这样的格局也给主卧空间留有余地，以后可随着主人需求的变化灵活切换功能。在没有小孩之前，可以作为独立的书房供夫妻俩共同使用；如果后来有小孩了，主卧室后面的书房也可以作为婴儿房。等小朋友长大之后，这里既可以当其书房，又可以作为游戏区域。设计师在平面设计上预计到未来三到五年的功能规划，让空间的功能非常合理、灵活。

返璞归真的度假惬意感

主卧空间内，床尾简洁利落的木格栅线条与圆形的造型灯形成对比。床头的圆形木纹壁灯搭配大面留白的背景墙显得简洁又别致，且和圆形的竹编吊灯相互呼应，配合整体的原木家具带来悠闲惬意的度假气息。床头的翻板化妆台避免了镜子对着床头，也方便收纳整理。上方开放格的小层板也恰到好处地兼顾收纳便捷和美观。统一的原木家具在绿植的映衬下，让置身其中的人有种返璞归真的惬意。

初 · 煦
心驰神往的和煦之家

- ▶ **设计公司：**合肥飞墨设计
- ▶ **主设计师：**合肥飞墨设计团队
- ▶ **项目面积：**130 m^2
- ▶ **空间格局：**三室两厅、小储物间
- ▶ **主要材料：**木饰面、木地板、大理石、长虹玻璃、乳胶漆、瓷砖

业主画像

业主年龄：80后

业主职业：插画师

居住成员：三代同堂、宠物

兴趣爱好：画画、烘焙、收集赛车

生活方式：喝茶、读书、享受美食

户型改造

①经过改造后，全屋的收纳功能超强，玄关向室内扩展，设计了收纳柜，并与厨房的冰箱收纳保持平齐。

②厨房移至原餐厅的位置，扩展出洗衣房，两个空间之间设计了交错型的收纳柜，完善了空间的收纳功能。

③除了全屋定点收纳，还将次卧旁边的空间规划成一个小储物间，提高了整体空间的收纳能力。

④打通客厅与阳台之间的墙体，将不能打掉的承重墙纳入柜体，完善了空间整体性，扩展了客厅面积，增强了空间采光。

⑤更改儿童房与主卧门洞位置，将过道面积纳入主卫，将主卫设计成淋浴区加浴缸的形式。

设计需求

这套房子平时是业主一家三代居住，包括夫妻俩、父母以及上小学的孩子，至少要有3个卧室才能满足基本需求，同时还要有满足一家人收纳的充足空间。为了让孩子更好地学习成长，儿童房需设计为多功能的空间。另外，由于人口较多，为不影响彼此的生活起居，卫生间设计为干湿分离的格局。除了满足这些基本的功能需求之外，业主也希望这个家的格局有互动感，既简约大方，又有家的温馨。

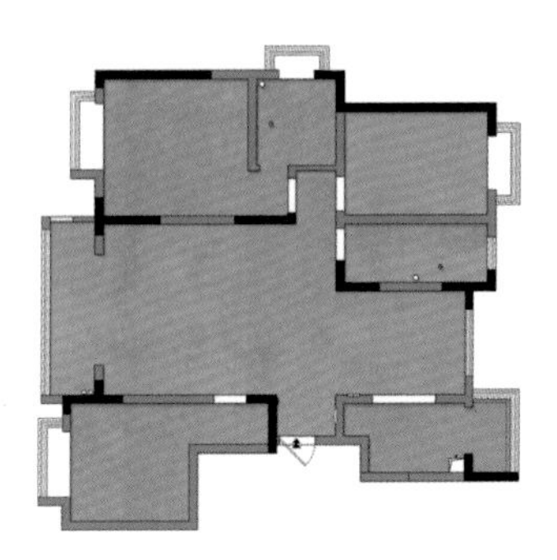

完善收纳及规整空间，赋予生活最简单的样子

业主一家非常注重生活细节，为此，设计师特别设计了一整面墙的收纳柜，从客厅延伸到原本阳台的位置，并在柜门设计上有露有藏，既拥有超大的收纳空间，又能展示生活的美好。同时，为了让公共区域更具有整体感，设计师运用隐形门的设计隐藏了客厅背后的卧室，一眼望去整个空间显得干净利落，没有丝毫的视觉干扰。做好收纳的意义正是如此，让居住者更便捷地把控空间的整洁度，完善空间美感，让生活呈现出最简单、最本真的样子。

温暖所在，心之所向

客餐厅之间没有任何的隔断，餐桌以随意、自由的方式呈现在空间里。餐厅与客厅几乎融为一体却又泾渭分明，形成一个交互性的客餐厅空间。具有通透性的公共空间让家人之间能更好地互动和交流，让这个三代人居住的家成为一个温暖的港湾。纳入了阳台的客厅区域显得开阔又舒适，整个空间仅设置了舒适的布艺沙发、慵懒的懒人沙发，以及线条简洁的小几。靠近落地窗的位置随意摆放着画架，整个公共区域沐浴在从亚麻卷帘透进来的和煦阳光下，显得慵懒又惬意。想象一下，一家人或窝在沙发里看书、看电影，或在阳光里画画，孩子蜷缩在懒人沙发里玩游戏，让这个家真正成为每个家庭成员的心之所向，岂不美哉！

颜值与功能的完美融合

设计除了满足功能需求与美观，还关乎着居住者此后很长一段时间的人生状态，是不疾不徐，还是慌慌张张，会慢慢在家的设计中展露出来。纵观客餐厅空间，设计师运用了简约柔和的色调：冷淡的浅灰色、纯粹的白色和神秘的黑色。再以原木色的暖意中和黑色、白色、灰色显冷冽的格调，描绘出空间独一无二的质感，有日式的温暖和煦，也有极简的简约雅致。同时，功能内敛不外秀，恰与颜值达成平衡。空间的美感，并不只是运用夸张的色彩、昂贵的材质体现，很多时候，它是功能与颜值的完美融合，也是最朴实的生活烟火气。

规整收纳，隐藏生活的柴米油盐

经设计师移位后的厨房，空间更大，女主人做饭也更为舒适，偶尔让小朋友进来择个菜，一起包个饺子，也丝毫不觉得拥挤。吊柜与地柜的组合收纳形式隐藏了柴米油盐，呈现简洁美好的生活状态。同时，将日常所需的烤箱、微波炉及冰箱等电器皆以规整形式藏入墙面，让整个空间看起来干净整齐，不留死角。“生活本就是一餐一饭，一生做好一件事。”日常的柴米油盐里，隐藏了人生最浅显，也最深刻的道理。

简约温暖格调，静享舒适生活

主卧同样延续了客厅的简约温暖格调，没有过多的装饰，仅以亚麻色的窗帘与整体的原木色调搭配，给人以简单安心的感觉，让主人在这样的氛围里安然入眠。主卫与主卧之间以嵌入墙体的隐形门连通，既节省了空间，又显得美观大方。卫生间内，浴缸、淋浴设备、坐便器、台盆和化妆台一应俱全，丰富的功能带给主人极大的舒适感。

一体化设计，满足简洁和功能需求

小朋友正上小学，阅读范围却很广，需要足够的学习和收纳空间。但儿童房的面积较为局促，设计师贴合空间设计了一体化的收纳柜体、榻榻米床以及刚好够用的写字台和悬吊式书柜，完全可以满足孩子学习、生活和储物的需求。榻榻米和床头的衣柜相结合，为补充收纳，在榻榻米底下设计了抽屉。紧贴床的飘窗底下也设计了抽屉，刚好可以供小朋友放置书或玩具，或者在窗边阅读。不大的空间以纯白色和原木色为主，并没有设置其他家具或装饰，让空间显得更简洁、开阔。

自然 MUJI 风格

自在随性的游戏迷之家

- ▶ **设计公司：** 清和一舍室内设计
- ▶ **主设计师：** 周禹霖
- ▶ **项目面积：** 92 m^2
- ▶ **空间格局：** 小三居户型
- ▶ **主要材料：** 木纹砖、乳胶漆、爱格板

业主画像

业主年龄：90后

业主职业：程序员、新媒体行业

居住成员：新婚夫妇

兴趣爱好：玩游戏、读书

生活方式：喜欢无印良品、小动物，在家里玩游戏

设计需求

业主是一对90后新婚夫妻，暂时不考虑生孩子的问题，所以在空间设计上要尽可能地满足夫妻两人的功能需求和兴趣爱好。他们喜欢小动物，喜欢在家里玩游戏，喜欢无印良品，喜欢无约束的生活氛围。他们理想中的家就是那种一走进去就能感受到温暖，没有刻意的装饰和酷炫造型的空间。同时，由于房子朝北的两个卧室很小，影响居住感受，厨房空间也很小，没有太多储物空间，考虑到居住的舒适体验，设计师需要对两个卧室和厨房进行户型改造。

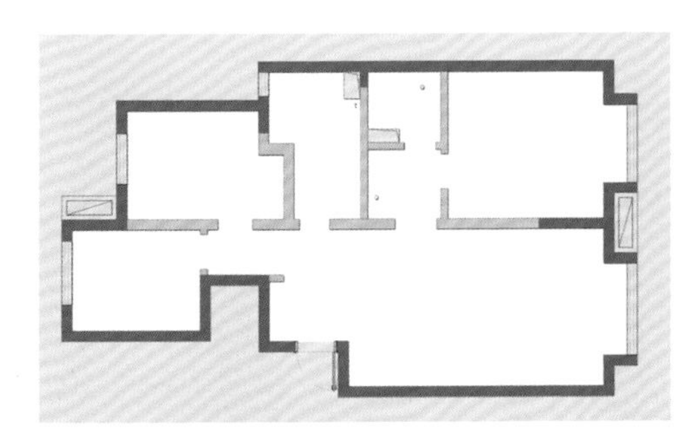

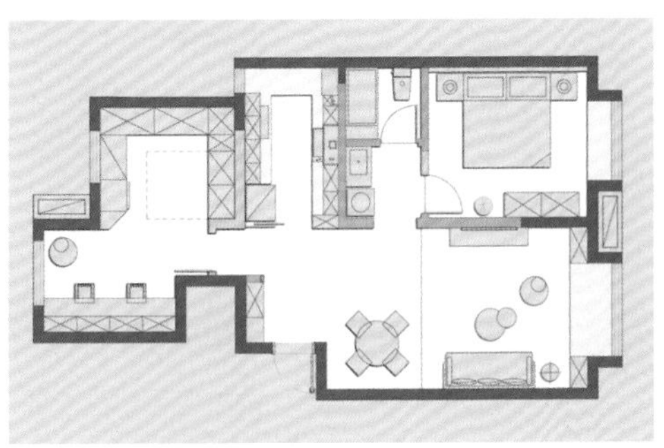

自在随性的 MUJI 风格

客厅地面做了抬高处理，宽大的布艺沙发让空间更显舒适，地上随意散落的松软坐垫和蓬松的长毛地毯无不体现着随意、自在的居住感受。MUJI 的画风扑面而来，让居住者感受家的质感和温柔。在飘窗位置，设计师借助窗户的结构墙，在窗下做了一个宽大的榻榻米，铺上质朴的坐垫和松软的靠枕，挂上素净的棉麻窗帘，温暖的阳光隔着白纱帘照进来，让人可以在这里待一个下午。由于整个客餐厅区域没有额外的收纳柜，设计师在窗户两侧设计了储物柜，一侧柜体设置成开格，可以展示心爱的装饰物或摆放书籍。闲暇时，业主可以躺在窗台上享受阳光，也可以随时随地趴在地毯上玩游戏、看书，这里是两个游戏迷的完美小窝！

随心随意的自然生活体验

为符合客餐厅的整体色彩格调，在靠近餐厅的玄关防盗门上特别用花灰色纹理材质做了简单的装饰处理。入户处衣帽柜的精细设计，兼顾了坐凳、挂衣、放包和鞋等多种功能。餐厅位于沙发一侧的角落，客厅地面的抬高处理自然分隔出客厅和餐厅区域，也让空间感更舒适。平时只有两人居住，在空间有限的餐厅只放置了原木色的四人圆桌和造型简洁、与之风格一致的餐椅。业主亲自从日本选购回来的极具设计感的吊灯，让这个小空间不只是温馨别致的就餐区，业主也可以在这里随心随意地翻翻书、喝喝茶。整个客餐厅空间以原木色和白色搭配，原木色质感温润，搭配干净的白色，舒适且自然。

精简造型及装饰，回归生活本质

主卧以简洁舒适的姿态呈现，整个空间里只有明亮的白色、质朴的原木色及素净温柔的烟灰色。为配合干净简洁的空间，设计师做了无床头处理，让自然质朴的原木色半墙和床融为一体。空间里除了两三件简洁的原木家具外，再没有任何多余的装饰，一切显得干净又舒适。简约造型的空气加湿器和吊灯是设计师精心挑选的，和整体空间格调刚好搭配。有这样干干净净又舒适自在的卧室，业主可能会更迷恋居家时光。

多功能设计，提高空间灵活度

为扩展空间的舒适性和自由度，设计师将两个小卧室打通变成一个大的多功能空间。靠窗的较窄区域设计为书房区，并排的两个工位可供两位业主待在家里玩游戏，或者临时处理日常工作。顶部的整排悬吊书柜可收纳书籍或游戏装备。较为开阔的区域兼顾了大衣帽间和临时客房的功能，隐藏的折叠床平时收到墙里，配合一侧整面墙的收纳柜，就是一个大容量的衣帽间。偶尔有客人来，放下折叠床则变身为临时的客房。多功能的设计让空间更具有灵活性，也让空间更规整。转角柜体里特备了小冰箱，是为主人在这里一直活动准备的！

利用边角整合收纳，打造开阔功能区

由于原始厨房空间很小，厨房电器设备放好后，几乎没有太多的储物空间。设计师将不规则的空间拉直并到厨房，扩大了厨房面积，在满足了基本功能和收纳需求之后，也能拥有开阔舒适的操作区域。厨房进门处，设计师利用墙体的厚度设计了一个家务柜，关上柜门，正好和厨房质感佳的玻璃推拉门形成一个界面，毫无违和感。设计师尽可能地将边角区域设计为收纳空间，让空间更显规整简洁。

功能性和舒适度兼具的私人领域

为满足业主的起居便利和使用的舒适度，卫生间做了干湿分离的设计，将洗衣机和烘干机放到干区，和洗手台并列。门可以左右推拉的镜柜也解决了干区的储物问题。湿区空间全白的瓷砖和洗浴设备，让空间显得干净整洁。再小的空间里也要有一个浴缸，体现了业主对待生活的态度。

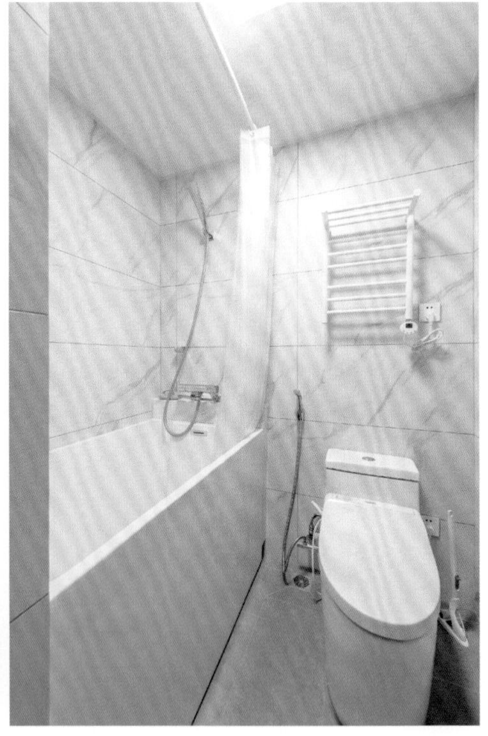

鸣谢

天津市清和一舍装饰设计有限公司

天津市清和一舍装饰设计有限公司于 2013 年创立，主要从事私宅室内设计。清和一舍立足天津，希望成为天津室内设计行业的一股清流，把更多有想象力的作品传递给大家。资源从无到有，经年累月的变化，从作品中思考，必然会促进设计的改进。理想的家的实现过程复杂，涉及多方协作，是时间、精力、预算之间的博弈，清和一舍坚守设计从业者的职业素养，持续性地把控项目进度。

成都吾隅设计

成都吾隅设计致力于探索“以人为本”的室内空间解决方案，通过“设计思考”满足屋主对于家的功能及情感的需求，并擅长运用不同的色彩、物料进行多元化创意设计，为每一个家开启新的方向。

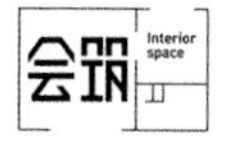

南京会筑设计

南京会筑设计是一家专门为高品质居住空间提供室内设计、施工执行、软装陈设的全案设计机构。自创立伊始，主创团队始终遵循“功能美学 · 家”的设计理念，用心解读个性与喜好，坚持居住功能设计与生活美学享受完美融合，用建筑的艺术语言和表现手段(包括空间、光线、比例、色彩等) 构筑舒适与品位并存的室内空间。

深圳市见微陈设艺术设计有限公司

见微陈设艺术设计是一支注重生活质感与人文精神的创意团队，作品多次荣登《空间榜样》《瑞丽家居》《现代装饰》等室内设计专业媒体，崇尚艺术与空间的完美结合，专注并坚持设计理念，用实景作品诠释实力。

合肥飞墨设计

合肥飞墨设计团队是一支由全案设计师和精装房设计师组成的设计团队，由行内知名高级室内设计师李秀玲领衔，集室内设计、工程施工、软装陈设于一体，专注于全案私人定制设计服务。曾荣获“全国住宅类设计师百强”称号、“世界青年设计师大会”年度人物奖、“2019 中国私宅设计”年度大奖、“住小帮装修专家”荣誉等。

杭州上北装饰设计工程有限公司

上北设计热衷于对生活方式的探索以及不断尝试新的设计语言。保持对日常美好的好奇心，去创造一个个贴合居住者喜好的家。上北设计用设计去赋予生活更多的可能，为漫长的生活之旅探索新的方向。

靳泰果

成都境壹空间装饰设计有限公司设计总监，2007 年毕业于四川美术学院，2010 年在萧大坤设计学院进修，于 2014 年创立成都境壹空间装饰设计有限公司。

琢信装饰
ZHUOXIN DECORATION

重庆琢信装饰设计有限公司

琢信装饰设计有限公司成立于 2011 年，是一家集硬装设计、软装设计、施工服务、全案整装为一体的专业装修设计公司，公司现有重庆总公司、广安分公司、巴中分公司等 5 家直营公司，以及重庆巴南、大学城直营店面。公司成立多年以来，一直把口碑和诚信放在第一位，坚持以“做重庆装饰行业良心企业”为品牌理念，以更优质、更真实的服务，用近十年时间走出了自己的新道路！

行 一

合肥行一空间设计有限公司

知行合一 ，笃行致远。言行表里如一，注重与实践的结合，善行而终才能达到最终的目标。故行一空间设计不断提升自身的设计能力和素养，为业主用更好的办法解决问题，通过设计来改善业主的生活居住环境，提高生活质量，以注重实践设计落地的方式达到目标。

特约专家顾问

李文彬

桃弥室内设计工作室创始人

武汉 80 后新锐设计师代表人物

武汉十大设计师之一

以个性、人性化定制设计著称，作品多次刊登在《时尚家居》《瑞丽家居》等主流家居杂志，《交换空间》常驻推荐设计师。

陈芳

武汉陈放设计顾问有限公司创始人

个人擅长设计现代、极简、东方禅意等风格简约空间。具有 15 年从业经验，坚持做“撕掉风格标签”的原创设计，为每一位业主定制专属家居生活。

作品收藏于《极简主义》《好想住日式风的家》《现代美式风格》《北欧简约风格》《臻品 BOSS 创意家 +》《大武汉》《拓者优秀作品集》。